Web
开发人才培养系列丛书

U0160365

Vue.js
前端开发技术

第2版｜视频讲解版

豆连军 王凤丽 ◉ 编著

人民邮电出版社
北　京

图书在版编目（ＣＩＰ）数据

Vue.js前端开发技术：视频讲解版 / 豆连军，王凤
丽编著. -- 2版. -- 北京：人民邮电出版社，2024.1
（Web开发人才培养系列丛书）
ISBN 978-7-115-61616-6

Ⅰ．①V… Ⅱ．①豆… ②王… Ⅲ．①网页制作工具－
程序设计 Ⅳ．①TP392.092.2

中国国家版本馆CIP数据核字（2023）第065351号

内 容 提 要

本书首先通过介绍 Vue 的基本概念和"Hello World"案例，帮助读者入门；然后介绍数据绑定、指令、事件处理这些非常好用的功能；接下来介绍 Vue 组件，这是 Vue 富有魅力的部分，掌握了组件的使用方法，我们基本上可以实现大多数的 UI 交互设计；接着介绍自定义指令、过渡与动画、渲染函数等 Vue 中的高级概念，这些可以帮助我们编写更简洁的代码，实现更绚丽的交互效果；最后介绍 Vue Router、webpack、axios、Vue CLI 等前端工程化工具和脚手架模式编程，并辅以 Vue 工程化项目实战应用。

本书内容循序渐进，讲解通俗易懂，通过案例教学把基本概念与应用场景紧密地联系在一起。学生可以用本书自学，教师可以将本书作为教材或参考工具书，其中的案例代码可用于课堂教学。

本书可作为高等院校、职业院校前端开发课程的教材或参考书，也可作为社会岗前培训班的培训教材，还可作为 Vue 自学者的入门指南。

◆ 编　著　豆连军　王凤丽
　　责任编辑　刘　博
　　责任印制　王　郁　陈　犇
◆ 人民邮电出版社出版发行　　北京市丰台区成寿寺路 11 号
　　邮编　100164　电子邮件　315@ptpress.com.cn
　　网址　https://www.ptpress.com.cn
　　三河市祥达印刷包装有限公司印刷
◆ 开本：787×1092　1/16
　　印张：18.25　　　　　　　2024 年 1 月第 2 版
　　字数：491 千字　　　　　 2024 年 1 月河北第 1 次印刷

定价：69.80 元
读者服务热线：(010)81055256　印装质量热线：(010)81055316
反盗版热线：(010)81055315
广告经营许可证：京东市监广登字 20170147 号

前　言

　　用心做教育，专心做教育，编写一本能帮助初学者快速学习Vue的参考书，一直是"斤斗云学堂"教师们的愿望，现在终于得以实现。本书从入门开发到工程化项目实战，每个案例都经过了精心设计。本书内容包括基础知识、综合案例和项目实战应用，力求体现"易学""实用"的特色。为方便更多的JavaScript初学者掌握本书内容，书中案例的代码尽量使用ES5的语法，但为更好地表现Vue的优势，也有少数案例的代码使用ES6、ES7的语法。

本书特点

　　案例教学：本书有大量实例和案例代码分析，便于读者快速入门。
　　实战应用：本书以实战应用为目标，避免"一叶障目，不见泰山"。
　　大量图示：本书用大量的图示解析重点、难点，让书中内容更加直观、生动。
　　名师编著：本书由"斤斗云学堂"教学总监豆连军和具有18年软件开发和培训经验，并申报多个横向科技项目的实战派讲师王凤丽共同编著，确保图书的实用性。
　　慕课平台："斤斗云学堂"慕课平台提供本书的配套视频、电子教案、教学课件、通关测试、书中案例源代码等大量学习资源，同时开放本书案例中所用到的后端API。依靠这些公开接口，读者可以开发自己的网络单词本应用。除了"斤斗云学堂"慕课平台，读者也可登录人邮教育社区（www.ryjiaoyu.com）获取本书的案例源代码、教学课件等。

本书读者对象

　　本书涵盖Vue的基础内容和实战项目，方便初次接触Vue的读者快速入门。本书适合已经掌握JavaScript语言基础知识和HTML、CSS语言基础知识的读者，也适合转型使用Vue的前端开发人员。

本书编写及审定人员

　　本书中的Vue课程内容素材由北京乐美无限科技有限公司提供。本书由"斤斗云学堂"教学总监豆连军审核并统改，金牌讲师王凤丽执笔编写，由贡雪静、董爽、张旭磊、崔阿超进行审阅和校验。编者在此一并感谢在本书编写过程中给予支持的家人们。

寄语读者

　　互联网开发行业是一个高新技术行业，是一个充满挑战、富有创造力的行业，但并不是高不可攀的行业。初学者入门以后，一定能体会到技术开发的乐趣。希望本书能帮助心中有梦想的青年学子实现梦想，早日踏入互联网开发行业。预祝大家学业、事业有成！

编者

2023年9月

目 录

< 2 >

第 9 章
Vue Router

第 10 章
使用webpack

第 11 章
axios在Vue中的使用

第 12 章
Vue CLI

< 3 >

第 13 章
Vue工程化项目实战

< 4 >

第1章 Vue入门

在学习Vue前，读者应已学习过HTML、CSS和JavaScript的基础知识。本章介绍Vue及其特点，讲解Vue的下载与环境搭建的方法，要求读者掌握Vue的基本开发流程，熟悉MVVM模式，为以后更好地学习Vue打牢基础。

本章要点

- 什么是Vue及Vue的特点；
- Vue在前端开发中的优势；
- Vue的下载及如何引入并应用；
- 实例化Vue对象、数据和方法；
- 将数据挂载到DOM页面；
- Vue中的MVVM模式。

1.1 Vue简述

Vue.js（常简称为Vue）是一个前端开发库，其他前端开发库有jQuery、Ext JS、Angular等。自问世以来Vue的关注度不断提高，在现在的市场上Vue是非常流行的JavaScript技术开发框架之一。本节将对什么是Vue.js及Vue.js的特点和优势进行介绍。

Vue 简述

1.1.1 什么是Vue.js

在介绍Vue.js之前，先简单介绍一下它的作者尤雨溪（Evan You）。尤雨溪是一位美籍华人，他在上海复旦大学附中读完高中后，在美国完成大学学业，本科毕业于美国科尔盖特大学，后在帕森斯设计学院获得Design and Technology艺术硕士学位。他是Vue Technology LLC公司的创始人，曾经在Google Creative Lab就职，参与过多个项目的界面原型研发，后加入Meteor团队，参与Meteor框架本身的维护和Meteor Galaxy平台的交互设计与前端开发。

2014年2月，尤雨溪开源了一个前端开发库Vue.js。Vue.js是用于构建Web界面的JavaScript库，也是通过简洁的应用程序接口（Application Program Interface，API）提供高效数据绑定和灵活组件的系统。2016年9月3日，在南京的JavaScript中国开发者大会上，尤雨溪正式宣布以技术顾问的身份加盟阿里巴巴Weex团队，主导Vue和Weex的JavaScript runtime整合，目标是让大家能用Vue的语法跨三端。目前，他全职投入Vue.js的开发与维护，立志将Vue.js打造成与Angular/React平起平坐的世界顶级框架。

Vue（读音/vju:/，发音类似于view）是一套构建用户界面的渐进式框架。与其他重量级框架不同的是，Vue采用自底向上增量开发的设计。Vue的核心库只关注视图层，并且非常容易学习，也非常容易与其他库或已有项目进行整合。另外，Vue完全有能力驱动采用单文件组件和Vue生态系统支持的库开发的复杂单页面应用。Vue还提供MVVM数据绑定和可组合的组件系统，具有简单、灵活的API，其目标是通过尽可能简单的API实现响应式的数据绑定和可组合的视图组件。

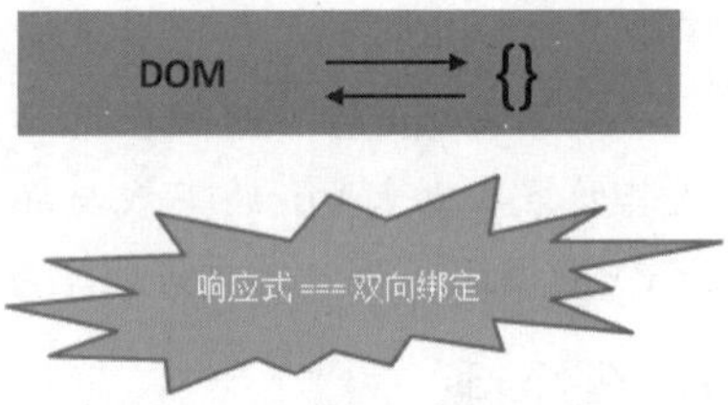

图 1-1　响应式系统 Vue.js

我们也可以说Vue.js是一套响应式系统（Reactivity System）。数据模型层（Model）只是普通的JavaScript对象，如图1-1所示，"{ }"代表一个JavaScript对象，修改它则更新相应的HTML片段（DOM），这些HTML片段也可称为"视图"（View）。这让Vue.js的状态管理变得非常简单且直观，可实现数据的双向绑定。

1.1.2　为什么使用Vue.js

完整的网页是由DOM（Document Object Model，文档对象模型）组合与嵌套形成最基本的视图结构，再加上CSS（Cascading Style Sheets，层叠样式表）的修饰，使用JavaScript接收用户的交互请求，并通过事件机制来响应用户交互操作而形成。我们把最基本的视图结构拿出来，称之为视图层。这个被称为视图层的部分就是Vue核心库关注的部分。为什么关注它呢？因为一些页面里元素非常多，结构庞大的网页如果使用传统开发方式，数据和视图会全部混合在HTML中，处理起来十分不易，并且结构之间还存在依赖或依存关系，代码就会出现更多问题。有前端开发基础的读者应当了解过jQuery，jQuery给予用户简洁的语法和跨平台的兼容性，极大地简化了JavaScript开发人员遍历HTML文档、操作DOM、处理事件等工作。

用过jQuery的读者都有体会，一开始页面元素不多，有时需要一层一层地不断向上寻找父元素，如$('#xxx').parent().parent()；但后期修改页面结构后，代码可能就会变得"臃肿"，如$('#xxx').parent().parent().parent()。随着产品升级的速度越来越快，修改变得越来越多，页面中相似的关联和嵌套DOM元素多得数不清，而jQuery选择器及DOM操作本身也存在性能缺失问题，用户想要修改却无从下手。原本轻巧、简洁的jQuery代码，在产品需求面前变得冗长。

但是Vue.js解决了这些问题，这些问题将在Vue中消失。

1.1.3　Vue.js的主要特点

Vue.js是一个优秀的前端开发JavaScript库，它之所以非常"火"，是因为它有众多突出的特点，其中主要的特点有以下几个。

< 2 >

1．轻量级的框架

Vue.js能够自动追踪依赖的模板表达式和计算属性，提供MVVM数据绑定和可组合的组件系统，具有简单、灵活的API，使用户更加容易理解，能够更快上手。

2．双向数据绑定

声明式渲染是双向数据绑定的主要体现，也是Vue.js的核心，它允许用户采用简洁的模板语法将数据声明式渲染整合进DOM。

3．指令

Vue.js与页面进行交互主要是通过内置指令来完成的，指令的作用是当其表达式的值改变时相应地将某些行为应用到DOM上。

4．组件化

组件（Component）是Vue.js最强大的功能之一。组件可以扩展HTML元素，封装可重用的代码。在Vue.js中，父子组件通过props传递通信，从父向子单向传递。子组件与父组件通信，通过触发事件通知父组件改变数据。这样就形成了基本的父子通信模式。

在开发中组件和HTML、JavaScript等有非常紧密的关系时，用户可以根据实际的需求自定义组件，这样就能大量减少代码编写量，使开发变得更加便利。组件还支持热重载（Hot-Reload）。当用户做了修改时，程序不会刷新页面，只对组件本身进行立刻重载，不会影响整个应用当前的状态。CSS也支持热重载。

5．客户端路由

Vue Router是Vue.js官方的路由插件，与Vue.js深度集成，用于构建单页面应用。Vue单页面应用是基于路由和组件的，路由用于设定访问路径，并使路径和组件互相映射，而传统的页面是通过超链接实现页面的切换和跳转的。

6．状态管理

状态管理实际上就是单向的数据流。状态（State）驱动视图的渲染，而用户对视图进行操作（Action）使状态产生变化，从而使视图重新渲染并形成单独的组件。

1.1.4　Vue.js的优势

Vue.js与其他框架相比有什么优势呢？前文提到了jQuery，还有其他的前端框架，如React、Angular等。相比较而言，Vue.js最为轻量化，而且已经形成了一套完整的生态系统，可以快速迭代更新。作为前端开发人员的首选入门框架，Vue.js有很多优势。

（1）Vue.js可以进行组件化开发，使代码编写量大大减少，更加易于理解。

（2）Vue.js最突出的优势在于可以对数据进行双向绑定（在后面的学习中读者会明显地感觉到这个功能的便捷）。

（3）使用Vue.js编写出来的界面本身就是响应式的，这使网页在各种设备上都能显示出非常好看的效果。

（4）相比传统的页面通过超链接实现页面的切换和跳转，Vue.js使用路由，不会刷新页面。

< 3 >

说明

Vue必须在ES5以上版本的环境下使用，在一些不支持ES5的旧浏览器中无法运行Vue。

1.2 Vue.js的下载及使用

通过前文的介绍，我们对于什么是Vue.js及Vue.js的特点和优势已经有了初步的了解。接下来学习Vue.js的使用，首先我们需要下载Vue.js。

1.2.1 下载Vue.js

读者可以直接去Vue.js的官网下载Vue.js，如图1-2所示。

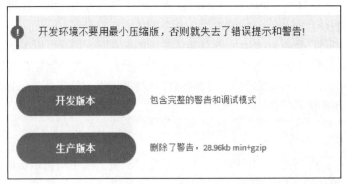

图 1-2 下载 Vue.js

 说明

在开发中应尽量使用开发版本，其在控制台中会显示错误提示信息，方便用户调试程序。

1.2.2 引入Vue.js

下载Vue.js后，可以使用script标签把Vue.js引入代码，格式如下：

```
<script src="文件路径/vue.js"></script>
```

也可以使用CDN（Content Delivery Network，内容分发网络）来引入Vue.js：

```
<script src="https://cdn.jsdelivr.net/npm/vue@2.6.14/dist/vue.js"></script>
```

然后就可以直接使用Vue.js了。

< 4 >

1.2.3 Vue环境安装和 Vue CLI配置详解

在构建大型应用时推荐使用npm安装Vue环境。npm可以和webpack（前端资源加载/打包工具）或browserify（使用类似于Node.js的require()的方式来组织浏览器端的JavaScript代码，通过预编译让前端JavaScript代码可以直接使用Node.js npm安装的一些库）结合使用。

Vue.js也提供配套工具来开发单文件组件。由于npm安装速度慢，因此建议使用cnpm（cnpm是淘宝团队开发的一个npm国内复制品，可以使用npm的所有命令，不用登录国外网站即可安装npm下的任何软件）来安装Vue。

> **说明**
>
> 如果计算机中npm命令不是内部命令，用户需要先安装Node.js。如果是Windows 7系统，建议安装Node 12，它支持Vue 2和Vue 3。Windows 8以上系统没有限制。

下面是具体的安装过程演示。

（1）首先查看Node.js的版本号，然后查看npm的版本号并安装Vue。建议使用cnpm命令安装，如图1-3所示。

```
1.  # 查看版本
2.  $ node -v
3.  $ npm -v
4.  npm install -g cnpm --registry=https://registry.npm.taobao.org
5.  $ cnpm --version
6.  # 安装Vue
7.  $ cnpm install vue
```

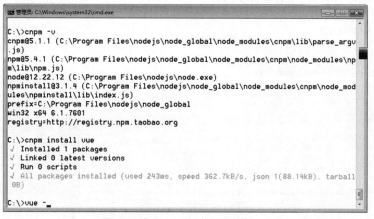

图 1-3 查看 npm 版本号及安装 Vue

（2）如图1-4所示，安装脚手架Vue CLI。Vue CLI是Vue提供的官方命令行工具，用于快速搭建大型单页面应用。

```
1.  #全局安装Vue CLI
2.  $ cnpm install --global vue-cli
3.  # 查看Vue CLI版本
4.  $ vue -version
```

< 5 >

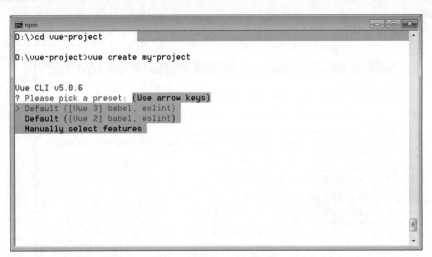

图 1-4 安装脚手架 Vue CLI

（3）使用Vue CLI创建一个新项目，用户可以根据自己的需求选择Default([Vue 2]babel, eslint)或者Default([Vue 3]babel,eslint)，如图1-5所示。默认选择Default([Vue 3]babel,eslint)。

```
1.  # 创建一个基于 webpack 模板的新项目
2.  $ vue create my-project
```

图 1-5 选择 Vue babel

这里选择Default([Vue 2]babel,eslint)，按Enter键开始创建项目，如图1-6所示。

（4）使用cd命令进入项目my-project，启动项目，如图1-7所示。

```
1.  $ cd my-project
2.  $ cnpm run serve
```

< 6 >

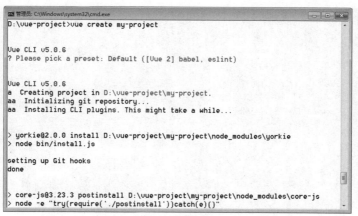

图 1-6　创建项目

图 1-7　启动项目

（5）安装成功后，在浏览器中通过http://localhost:8080/本地访问Vue.js App，如图1-8所示。

图 1-8　Vue.js App

读者也可以创建Vue 3项目，创建后与Vue 2项目对比一下，会发现二者的目录结构一样，但是main.js里面的内容不同，创建的Vue实例对象不同，如图1-9所示。

< 7 >

图 1-9　Vue 2（左）对比 Vue 3（右）

打开项目所在目录my-project\src\components下的文件HelloWorld.vue并修改msg：把"Welcome to Your Vue.js App"改为"欢迎进入斤斗云学堂"。发现什么了？界面没有刷新而数据自动更新了，是不是很神奇！

1.2.4　Vue项目文件目录结构

利用Node.js和Vue CLI，我们可以很快地搭建一个Vue开发环境。搭建完成后，创建项目my-project，我们可以看到生成的Vue项目文件目录结构，如图1-10所示。

下面一起来学习Vue项目文件目录结构，主要有node_modules文件夹、public文件夹和src文件夹，以及一些配置文件。

（1）node_modules：所有的项目依赖包都存放在这个文件夹中。

（2）public中的index.html：首页入口文件。

（3）src：源文件文件夹，编写的代码基本都存放在这个文件夹中，如图1-11所示。

图 1-10　Vue 项目文件目录结构

图 1-11　Vue 项目 src 目录结构

① assets：存放静态文件的文件夹。

②components：Vue的组件文件夹，自定义的组件都会存放在这里。

③App.vue：根组件。

④main.js：入口文件。

（4）package.json：项目配置文件。

（5）README.md：说明文档，主要用于查看项目运行的命令。

（6）vue.config.js：项目配置信息，跨域proxy代理信息。

1.2.5 Vue项目主要文件详解

Vue项目主要文件包括index.html、main.js、package.json等。这里主要介绍这3个文件。

（1）index.html是首页入口的.html文件。<div id="app"></div>用于将Vue实例挂载到id为app的DOM上。

```
<!DOCTYPE html>
<html lang="">
  <head>
    <meta charset="utf-8">
    <meta http-equiv="X-UA-Compatible" content="IE=edge">
    <meta name="viewport" content="width=device-width,initial-scale=1.0">
    <link rel="icon" href="<%= BASE_URL %>favicon.ico">
    <title><%= htmlWebpackPlugin.options.title %></title>
  </head>
  <body>
    <noscript>
      <strong>We're sorry but <%= htmlWebpackPlugin.options.title %> doesn't
work properly without JavaScript enabled. Please enable it to continue.</strong>
    </noscript>
    <!-- 将Vue实例挂载到id为app的DOM上 -->
    <div id="app"></div>
    <!-- built files will be auto injected -->
  </body>
</html>
```

（2）main.js可以导入组件、路由等。Vue 2使用new Vue()来创建Vue实例；Vue 3使用createApp(App).mount('#app')来返回应用实例，并且可以链式调用。这也是Vue 3与Vue 2不同之处。Vue 2的main.js文件如下。

```
import Vue from 'vue'
import App from './App.vue'
Vue.config.productionTip = false

new Vue({
  render: h => h(App),
}).$mount('#app')
```

Vue 3的main.js文件如下。

```
import { createApp } from 'vue'
import App from './App.vue'
```

<9>

```
createApp(App).mount('#app')
```

（3）package.json是项目配置文件，其实就是对项目或者模块包的描述，里面包含的信息有项目名称、项目版本、项目执行入口文件等，如dependencies 生产环境和devDependencies 开发环境。

dependencies下的包是在生产环境中必须用到的，开发环境也需要这些包。devDependencies下的包只在开发环境中使用，在生产环境中这些包就没用了，因此不会打包到代码里面。

```
{
  "name": "my-demo-vue2babel",
  "version": "0.1.0",
  "private": true,
  "scripts": {
    "serve": "vue-cli-service serve",
    "build": "vue-cli-service build",
    "lint": "vue-cli-service lint"
  },
  "dependencies": {
    "core-js": "^3.8.3",
    "vue": "^2.6.14"
  },
  "devDependencies": {
    "@babel/core": "^7.12.16",
    "@babel/eslint-parser": "^7.12.16",
    "@vue/cli-plugin-babel": "~5.0.0",
    "@vue/cli-plugin-eslint": "~5.0.0",
    "@vue/cli-service": "~5.0.0",
    "eslint": "^7.32.0",
    "eslint-plugin-vue": "^8.0.3",
    "vue-template-compiler": "^2.6.14"
  },
  "eslintConfig": {
    "root": true,
    "env": {
      "node": true
    },
    "extends": [
      "plugin:vue/essential",
      "eslint:recommended"
    ],
    "parserOptions": {
      "parser": "@babel/eslint-parser"
    },
    "rules": {}
  },
  "browserslist": [
    "> 1%",
    "last 2 versions",
    "not dead"
  ]
```

< 10 >

```
        }
```

1.3 实例化Vue对象、数据和方法

1.3.1 实例化Vue对象

实例化 Vue
对象、数据
和方法

　　我们在Vue 2中使用Vue.js的时候都是通过构造函数Vue()创建Vue的根实例，每一个new Vue()都是一个Vue构造函数实例，这个过程叫函数的实例化。

```
1.   var vm = new Vue({
2.   // 这里编写代码，传入选项对象
3.   })
```

　　Vue()要求实例化时传入一个选项对象，选项对象包括挂载元素（el）、数据（data）、方法（methods）、模板（tamplate）、生命周期钩子函数等。例1-1所示为创建Vue实例的过程。

　　【例1-1】创建Vue实例。

```
1.  <!DOCTYPE html>
2.  <html lang="en">
3.  <head>
4.      <meta charset="UTF-8">
5.      <title>实例化Vue对象</title>
6.  </head>
7.  <body>
8.  <!-- app是根容器-->
9.  <div id="app">
10.     <div>{{ name }}</div>
11. </div>
12. <script src="js/vue.js" ></script>
13. <script>
14.     // 实例化Vue对象
15.     // 每个 Vue.js 应用都是通过构造函数 Vue()创建 Vue 的根实例启动的
16.     // 实例化时，需要传入一个选项对象
17.     new Vue({
18.         el: '#app',
19.         data: {
20.             name: '斤斗云学堂!',
21.         }
22.     })
23.     /**
24.      * el:element 需要获取的元素，一定是HTML代码中的根容器元素
25.      * data: 用于数据的存储
26.      */
27. </script>
28. </body>
```

< 11 >

```
29.  </html>
```

运行结果：

斤斗云学堂！

> **⚠ 注意**
>
> 如果把<div>{{name}}</div>标签放到<div>层外面就不能渲染数据，要求所有内容必须编写在容器中。

代码解析：①整个div标签使用的是一个模板语法，在"{{ }}"里的是一个模板变量或模板表达式；②第一个script标签引入Vue.js文件；③第二个script标签书写JavaScript代码，创建Vue实例，调用Vue的构造方法，在构造方法中el对应div标签的id选择器，name是data对象里的一个属性，并且和div标签里的{{name}}对应。

最后使用浏览器运行本程序，界面上渲染出的是data对象里的name属性的值"斤斗云学堂！"。

1.3.2 Vue数据和方法

实例化Vue对象需要在data中定义数据，data可以是JavaScript对象。下面修改例1-1中data的JavaScript对象，增加属性age、email。

```
1.    new Vue({
2.        el: '#app',
3.        data: {
4.            name: 'john',
5.            age: 22,
6.            email: 'john@163.com'
7.        }
8.    })
9.  <div id="app">
10.    <h1> {{ name }}</h1>
11.    <p> {{ age }}</p>
12.    <p> {{ email }}</p>
13. </div>
```

修改代码后就可以在浏览器中看到最新的结果。同时age、email的值已插入p标签。

上面已经介绍了el、data，下面介绍另一个属性methods。在methods中可定义方法，Vue允许在HTML中调用这些方法。

```
1.    new Vue({
2.        el: '#app',
3.        data: {
4.            name: 'john',
5.            age: 22,
6.            email: 'john@163.com'
7.        },
8.        methods:{
9.            say:function(){
```

< 12 >

```
10.              return "欢迎您: "+this.name
11.            }
12.          }
13.      })
```

如上代码在methods中定义了一个say方法，在根容器app中调用say方法时使用{{say()}}。

```
1.  <div id="app">
2.      <h1> {{ say() }}</h1>
3.      <h1> {{ name }}</h1>
4.      <p> {{ age }}</p>
5.      <p> {{ email }}</p>
6.  </div>
```

运行后就可以看到say方法已经被调用，数据正常显示在界面中。那么数据是在什么时候挂载到DOM中的呢？下面我们就来讨论一下。

1.3.3　将数据挂载到DOM页面

我们先通过一个示例分析Vue何时把数据挂载到DOM页面上，何时更新DOM数据。例1-2所示为如何将数据挂载到DOM。

【例1-2】将数据挂载到DOM。

```
1.  <!DOCTYPE html>
2.  <html lang="en">
3.  <head>
4.      <meta charset="UTF-8">
5.      <title>hello,world!</title>
6.  </head>
7.  <body>
8.  <script src="https://unpkg.com/vue/dist/vue.js"></script>
9.  <div id="app-2">
10.     <p>{{ message }}</p>
11.     <button onclick="app.message = '乐美欢迎你! 未来的工程师。';">更新!
</button>
12. </div>
13. <script>
14.     var app = new Vue({
15.         el: '#app-2',
16.         data: {
17.             message: 'Hello Vue.js!'
18.         },
19.         created: function () {
20.             // 'this' 指向 vm 实例
21.             console.log('message is: ' + this.message)
22.         },
23.         mounted: function() {
24.             console.log("已挂载到DOM页面上。") ;
25.         },
26.         updated: function () {
27.             console.log("已更新DOM! ") ;
```

< 13 >

```
28.          }
29.      })
30. </script>
31. </body>
32. </html>
```

运行结果如图1-12所示。

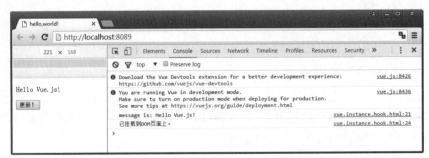

图 1-12　挂载数据

当用户单击"更新！"按钮时，从浏览器控制台可看到updated方法被调用，数据已经更新并被重新挂载到DOM中，如图1-13所示。

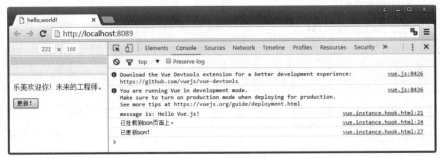

图 1-13　更新 DOM

下面再来看一个有趣的示例——例1-3，你会有不一样的发现。

【例1-3】插值。

```
1.  <!DOCTYPE html>
2.  <html lang="en">
3.  <head>
4.      <meta charset="UTF-8">
5.      <title>hello,world!</title>
6.  </head>
7.  <body>
8.  <div id="myApp">
9.      <p>{{ message }}</p>
10. </div>
11. <script src="lib/vue.js"></script>
12. <script>
13.     var myData = {
14.         message: 'Hello Vue.js!'
15.     }
16.     var app = new Vue({
```

< 14 >

```
17.          el: '#myApp',
18.          data: myData
19.       })
20.  </script>
21.  </body>
22.  </html>
```

运行结果:

```
Hello Vue.js!
```

修改代码第9行如下。

```
9.     <p>乐美课堂: {{ message }}</p>
```

运行程序, 你会发现依然可以正常地渲染出数据来, 是不是很方便? 这就是Vue的魅力, 可以插值。大家可以自己试一试在jQuery中实现插值(一定要写例子比较), 比较后你会发现Vue的魅力。思考: 第16行到第19行的代码中共有几个JavaScript对象?

1.4 MVVM模式

MVVM 模式

MVVM是Model-View-ViewModel的缩写, 它是一种基于前端开发的架构模式, 其核心是提供对View和ViewModel数据的双向绑定, 使得一方更新时数据可自动传递到另一方。

Vue.js是一个提供了MVVM模式的双向数据绑定的JavaScript库, 专注于View层。它的核心是MVVM中的VM, 也就是ViewModel。ViewModel负责连接View和Model, 保证视图和数据的一致性, 这种轻量级的架构让前端开发更加高效、便捷。

ViewModel是一个Vue实例, 图1-14所示为MVVM模式, 描述了在Vue.js里面ViewModel是怎样和View及Model进行交互的。

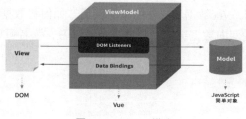

图 1-14 MVVM 模式

下面介绍双向绑定究竟是如何达成的。

首先, 我们把图1-14中的DOM Listeners和Data Bindings看作两个工具, 它们是实现双向绑定的关键。在View层中的DOM元素和Model中的数据绑定成功后, ViewModel中的DOM Listeners工具会帮助我们监测View层中的DOM元素的变化, 如果DOM元素有变化, 则Model中的数据也进行同样的更新。反过来, 当Model中的数据更新时, Data Bindings工具则会帮助我们更新View层中的DOM元素。

< 15 >

下面通过例1-4来帮助读者进一步掌握双向绑定。MVVM模式本身是实现了双向绑定的，在Vue.js中可以使用v-model指令在表单元素上创建双向数据绑定。

【例1-4】MVVM模式。

```
1.   <!--这是我们的 View-->
2.   <div id="App">
3.       {{ property }}
4.       <input type="text" v-model="property"/>
5.   </div>
6.
7.   <script src="js/vue.js"></script>
8.   <script>
9.       // 这是我们的 Model
10.      var exampleData = {
11.          property: 'Hello World'
12.      }
13.      new Vue({      // 创建一个 Vue 实例或 ViewModel ,它连接 View 与 Model
14.          el: '#App',
15.          data: exampleData
16.      })
17.  </script>
```

运行结果：

Hello World Hello World

代码解析：此例通过使用v-model指令把{{ property }}和文本框绑定。第12行代码在创建Vue实例时，传入了一个选项对象。选项对象的el属性指向View，data属性指向 Model，如此就实现了双向绑定。这样，{{ property }}和文本框中的一方更新，另一方也会做同样的更新。

本章小结

本章主要对Vue的初级知识进行了简单介绍，包括Vue的主要特点、Vue的优势、Vue的下载及使用、如何创建Vue实例、Vue数据和方法的基本使用、如何将数据挂载到DOM页面中，以及通过MVVM模式理解Vue的双向数据绑定。通过本章的学习，读者可以对Vue有初步的了解，为以后的学习奠定基础。

习题

1-1　简单描述Vue的特点。

1-2　常用的编写Vue的开发工具有哪些？

1-3　如何使用npm方式搭建Vue单页面应用？

1-4　熟悉Vue项目文件目录结构。

1-5　通过实例演示如何将数据挂载到DOM中。

< 16 >

第**2**章 Vue数据绑定

Vue是一个MVVM框架，即拥有双向数据绑定功能。Vue带来全新的体验，让前端开发更加规范化、系统化。Vue强大的计算属性可以处理复杂的逻辑，并具有缓存功能。深入了解Vue生命周期有助于更好地开发和使用Vue。

本章要点

- Vue模板语法；
- 响应式声明渲染机制；
- Vue属性绑定；
- Vue双向数据绑定；
- Vue计算属性；
- 计算属性与methods的区别；
- Vue生命周期。

2.1 Vue模板语法

上一章提到Vue使用HTML的模板语法，Vue的核心是允许开发者使用简洁的模板语法声明式地将数据渲染进DOM，简单来说就是将模板中的文本数据放入DOM，可使用mustache模板语法"{{ }}"来完成。

Vue 模板语法、响应式声明渲染机制

2.1.1 模板语法

模板语法的基本使用方法主要有插值、JavaScript表达式等。如何使用模板语法"{{ }}"渲染数据，我们在第1章中已经接触过，下面通过例2-1来演示模板语法。

【例2-1】模板语法。

```
1.  <div id="app"> <!--app为实例中el的属性-->
2.      {{text}}
3.  </div>

4.  <script>
```

```
5.    var vm = new Vue({
6.       el:"#app",
7.       data:{
8.          text:'文本数据被渲染到HTML中了！  '
9.       }
10. })
11. </script>
```

运行结果如图2-1所示。

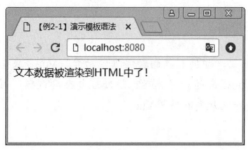

图 2-1   模板语法

2.1.2   插值

Vue支持动态渲染文本，即在修改属性的同时，实时渲染文本内容。文本插值以"{{ }}"形式插入，然后输出纯文本。

```
1.   <div id="app">
2.       <p>{{ message }}</p>
3.       <p>你好：{{ name }}</p>
4.   </div>
```

"{{ }}"将数据解析为纯文本。如果要将数据解析为HTML代码，则需要使用v-html指令。下面通过例2-2来演示如何输出HTML代码。

【例2-2】输出HTML代码。

```
1.   <div id="app">
2.       <div v-html="message"></div>
3.   </div>
4.   <script>
5.       new Vue({
6.           el: '#app',
7.           data: {
8.             message: '用户名<input type="text" value="中文名"/>'+'密码
<input type="password"/>'
9.               //这里不支持换行，如果要换行，用单引号括起来后用+连接
10.            }
11.       })
12. </script>
```

第2行使用v-html输出data中定义的message的值，在message中使用HTML标签。

< 18 >

2.1.3　JavaScript表达式

Vue支持JavaScript的所有表达式。

```
1.   {{ number + 1 }}
2.   {{ ok ? 'YES' : 'NO' }}
3.   {{ message.split('').reverse().join('') }}
4.   <div v-bind:id="'list-' + id"></div>
```

这些表达式会在所属Vue实例的数据作用域下作为JavaScript代码被解析，但有一个限制，每个绑定都只能包含单个表达式，所以下面的例子都不会生效。

```
1.   <!-- 这是语句，不是表达式 -->
2.   {{ var a = 1 }}
3.   <!-- 流控制也不会生效，请使用三元表达式 -->
4.   {{ if (ok) { return message } }}
```

模板语法只适用于简单的JavaScript表达式，复杂的表达式可以使用后面要学习的计算属性computed来实现。

2.2　响应式声明渲染机制

Vue是一套响应式系统，数据模型层只是普通的JavaScript对象，修改它则视图自动更新。Vue的工作原理是当一个普通的JavaScript对象被传给Vue实例的data选项时，Vue会遍历此对象的所有属性，在属性被访问和修改时，自动把数据渲染进DOM并更新。

2.2.1　响应式声明渲染机制简介

Vue.js允许采用简洁的模板语法声明式地将数据渲染进DOM。图2-2所示的视图是来自状态的声明映射，状态发生变化，数据自动渲染。代码框架如例2-3所示。

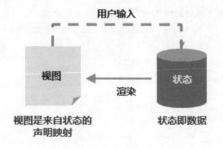

图 2-2　数据渲染

【例2-3】渲染数据到DOM。

```
1.   <!DOCTYPE html>
```

< 19 >

```
2.   <html lang="en">
3.   <head>
4.       <meta charset="UTF-8">
5.       <title>hello,world!</title>
6.   </head>
7.   <body>
8.   <div id="myApp">
9.       <p>{{ message }}</p>
10.  </div>
11.  <script src="lib/vue.js"></script>
12.  <script>
13.      var myData = {
14.          message: 'Hello Vue!'
15.      }
16.      var app = new Vue({
17.          el: '#myApp',
18.          data: myData
19.      })
20.  </script>
21.  </body>
22.  </html>
```

例2-3中数据和DOM已经绑定在一起，所有元素都是响应式的。按F12键打开浏览器控制台，修改app.message="Hello Vue.js"，页面p标签中的数据将自动更新。

下面通过例2-4演示Vue的响应式声明渲染，其中使用v-model绑定文本框，在文本框中的数据自动绑定到myData的message属性；同样，message属性的值也自动绑定到文本框中。

【例2-4】响应式声明渲染。

```
1.   <!DOCTYPE html>
2.   <html lang="en">
3.   <head>
4.       <meta charset="UTF-8">
5.       <title>hello,world!</title>
6.   </head>
7.   <body>
8.   <div id="myApp">
9.       <p>{{ message }}</p>
10.      <input v-model="message"></input>
11.      <button onclick="alert('message='+app.message);">点击看看</button>
12.  </div>
13.  <script src="lib/vue.js"></script>
14.  <script>
15.      var myData = {
16.          message: 'Hello Vue!'
17.      }
18.      var app = new Vue({
19.          el: '#myApp',
20.          data: myData
21.      })
22.      //现在数据和 DOM 已经被绑定在一起，所有的元素都是响应式的
23.      //可以在浏览器控制台中修改 app.message。DOM中的数据已经自动渲染
```

< 20 >

```
24.   </script>
25.   </body>
26.   </html>
```

例2-4演示的响应式声明渲染的运行结果如图2-3所示。

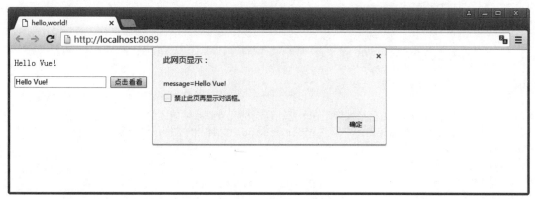

图 2-3　响应式声明渲染

当把文本框中的值由"Hello Vue!"修改为"Hello Vue.js!"时，模型data属性的message值自动修改，如图2-4所示。在浏览器控制台输入app.message，观察控制台可发现app.message的值已经修改。在控制台修改app.message='自动更新'，这时DOM中的数据也已经自动渲染成功，文本框中将显示"自动更新"。

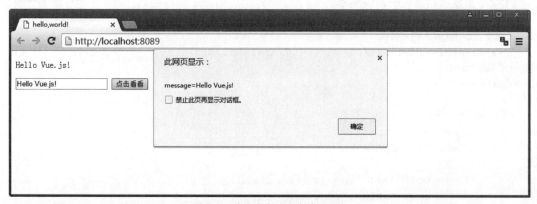

图 2-4　响应式声明渲染数据更新

例2-4演示的响应式声明渲染可以使用v-on:click来绑定事件，缩写形式为@click，修改后的代码如下。关于Vue事件，本书会在第4章详细讲解。

```
1.    <!DOCTYPE html>
2.    <html lang="en">
3.    <head>
4.        <meta charset="UTF-8">
5.        <title>hello,world!</title>
6.    </head>
7.    <body>
8.    <div id="myApp">
9.        <p>{{ message }}</p>
10.       <input v-model="message"></input>
```

< 21 >

```
11.      <button v-on:click="alert('message='+app.message);">点击看看</button>
         <button @click="alert('message='+app.message);">点击看看</button>
12.  </div>
13.  <script src="lib/vue.js"></script>
14.  <script>
15.      var myData = {
16.          message: 'Hello Vue.js!'
17.      }
18.      var app = new Vue({
19.          el: '#myApp',
20.          data: myData
21.      })
22.      //现在数据和DOM已经被绑定在一起，所有的元素都是响应式的
23.      //可以在浏览器控制台中修改app.message。DOM中的数据已经自动渲染
24.  </script>
25.  </body>
26.  </html>
```

2.2.2 Vue属性绑定

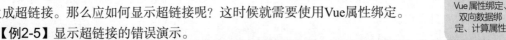

如果页面需要超链接，初学者可能会写出例2-5所示的代码，运行后发现并没有生成超链接。那么应如何显示超链接呢？这时候就需要使用Vue属性绑定。

【例2-5】显示超链接的错误演示。

```
1.   <div id="myApp">
2.       <a href={{url}}></a>    <!--<a href=url></a>  -->   //初学者可能会这样写，
这是一个错误演示
3.   </div>
4.
5.   <script>
6.       var app = new Vue({
7.           el: '#myApp',
8.           data: {
9.               bookName: 'Vue.js编程入门',
10.              url: 'https://cn.vuejs.org/'
11.          }
12.      })
13.  </script>
```

发现超链接有问题，使用v-bind修改代码后再次运行，发现超链接已经可以跳转。

```
<a v-bind:href="url"></a>
```

v-bind主要用于属性绑定，Vue官方提供了一个简写方式：

```
1.   <!--完整语法-->
2.   <a v-bind:href="url"></a>
3.   <!--缩写-->
4.   <a :href="url"></a>
```

< 22 >

如果需要把bookName绑定到文本框，该如何实现呢？还是需要用v-bind进行属性绑定。

```
<input  type="text" v-bind:value="bookName"></a>
```

要对HTML代码进行属性绑定，可以使用v-html，运行后可以发现p标签下有一个完整的a标签。

```
1.  <p v-html="urlTag"></p>
2.  var app = new Vue({
3.          el: '#myApp',
4.          data: {
5.              urlTag:   '<a href=https://cn.vuejs.org/>vue.js</a>'
6.          }
7.  })
```

以上简单介绍了如何给属性绑定对应的值，用到了v-bind、v-html，这些都是Vue指令，本书在第3章会详细讲解。

2.2.3 Vue双向数据绑定

Vue是一个MVVM框架，可进行双向数据绑定。当数据发生变化时，视图也发生变化；当视图发生变化时，数据也跟着同步变化。这也算是Vue的精髓了。值得注意的是，双向数据绑定一定是对DOM元素来说的，非DOM元素不会涉及双向数据绑定。例2-6演示如何进行双向数据绑定。

【例2-6】进行双向数据绑定。

```
1.  <!DOCTYPE html>
2.  <html lang="en">
3.  <head>
4.      <meta charset="UTF-8">
5.      <title>Title</title>
6.      <script src="lib/vue.js"></script>
7.  </head>
8.  <body>
9.  <div id="app">
10.     <span>欢迎词: </span>
11.     代表地球人, {{ message }}
12.     <div>
13.         {{ message }}
14.     </div>
15.     <button id="btn">点击改变</button>
16.     <hr>
17.     请输入: <input type="text" id="keywords" v-model="keywords">
18.     <button id="btnSearch">点击搜索</button>
19.     <form action="">
20.         <input type="text" v-model="in1">
21.         <input type="text" v-model="in2">
22.         <input type="text" v-model="in3">
23.         <input type="text" v-model="in4">
```

< 23 >

```
24.            <input type="text" v-model="in5"> //5个文本框也已经绑定数据模型中的值
25.        </form>
26. </div>
27. <script>
28.        var data = {
29.            message: 'Hello Vue!',
30.                keywords: '关键词',
31.                in1: '1',
32.                in2: '2',
33.                in3: '3',
34.                in4: '4',
35.                in5: '5'
36.        }
37.        var app = new Vue({
38.            el: '#app',
39.            data: data
40.        })
41. </script>
42. <script>
43.        var btnEl = document.getElementById("btn") ;
44.        btnEl.onclick = function(){
45.            app.message = "你好！乐美无限。" ;        //单击"点击改变"按钮后，欢迎词改为
"代表地球人，你好！乐美无限。"
46. //        var appEl = document.getElementById("app") ;
47. //        appEl.innerHTML = "你好！乐美无限。"
48.        }
49. </script>
50. <script>
51.        var btnSearchEl = document.getElementById("btnSearch") ;
52.        btnSearchEl.onclick = function(){
53. //        var keywordsEl = document.getElementById("keywords") ;
54. //        alert(keywordsEl.value) ;
55.            alert(app.keywords) ;
56.        }
57. </script>
58. </body>
59. </html>
```

例2-6演示的双向数据绑定的运行结果如图2-5所示。

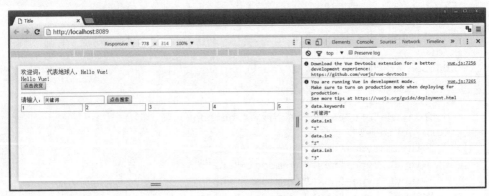

图2-5　双向数据绑定

< 24 >

通过运行结果读者可以发现实现了双向数据绑定，可以把data里的数据放到页面上，并且令data里的数据和页面上的元素产生一一对应的关系。绑定的方式有两种：一种是模板语法"{{}}"，模板引擎根据数据实时进行修正，Vue负责驱动模板把数据渲染到DOM上；另一种是属性名（也是一种指令），例如，v-model实现的就是双向绑定。这样绑定后就省掉了频繁操作DOM的步骤，开发代码简单、效率高。

2.3 Vue计算属性

在模板语法内使用表达式通常非常便利，但模板语法只适用于简单的运算，当表达式过于复杂时，在模板中放入太多逻辑会让其过重且难以维护。为此，Vue提供了计算属性computed。

2.3.1 计算属性

引用计算属性 computed后，就可将复杂的逻辑放入其中进行处理，同时，计算属性有缓存功能，可防止复杂计算逻辑多次调用引发性能问题。下面看一个没有用计算属性的例子，比如，要结算图书总价，代码可以这样写。

```
1.  <div id="app">
2.      <h2>图书</h2>
3.      <div>
4.          您购买了{{book.name}}共{{book.count}}本===￥{{book.price}}/本
5.      </div>
6.  <div>总价: {{book.price*book.count}}</div>
7.  </div>
8.  <script>
9.  var vm = new Vue({
10.     el: '#app',
11.     data:{
12.         book:{id:1,price:10,name:'Vue入门 ',count:1},
13.         }
14.  })
15. </script>
```

但如果商城做活动，图书打折，需要修改代码如下。

```
1. var vm = new Vue({
2.     el: '#app',
3.     data:{
4.         book:{id:1,price:10,name:'Vue入门 ',count:1},
5.         discount:0.8
6.     }
7.  })
8. div>总价: {{book.price*book.count*discount}}</div>
```

< 25 >

如果再加上运费，则总价计算表达式更复杂。

```
1. var vm = new Vue({
2.    el: '#app',
3.    data:{
4.            book:{id:1,price:10,name:'Vue入门 ',count:1},
5.            discount:0.8,
6.            deliver:12
7.        }
8.    })
9. div>总价: {{(book.price*book.count*discount)+deliver}}</div>
```

随着需求的变化，计算总价的表达式越来越复杂，视图的逻辑也越来越复杂，代码会越来越"臃肿"并难以维护。例2-7所示为通过计算属性简化视图。

【例2-7】通过计算属性简化视图。

```
1.    <div id="app">
2.        <h2>图书</h2>
3.        <div>
4.            您购买了{{book.name}}共{{book.count}}本===￥{{book.price}}/本
5.        </div>
6.    <div>总价: {{totalPrice}}</div>
7.    </div>
8.    <script>
9.    var vm = new Vue({
10.       el: '#app',
11.       data:{
12.           book:{id:1,price:10,name:'Vue入门 ',count:1},
13.            discount:0.8,
14.           deliver:12
15.               },
16.       computed:{
17.           totalPrice(){
18.               return (this.book.price*this.book.count)*this.discount+
this.deliver;
19.           }
20.       }
21.       })
22. </script>
```

通过例2-7可发现，计算属性可以包含很多繁重的逻辑，最终返回需要的值。通过对计算属性的使用，视图的代码会变得非常精简，且容易维护。

关于计算属性的setter方法和getter方法，一般默认使用getter方法（获取数据），不过在需要时也可以使用setter方法（改变数据）。在例2-8中，获取数据的函数将用于属性vm.fullName改变数据。

【例2-8】计算属性setter方法。

```
1.    <div id="app">
2.        <input v-model="firstName"/>
```

< 26 >

```
3.        <input v-model="lastName"/>
4.        <input v-model="fullName"/>
5.  </div>
6.  <script>
7.      var vm = new Vue({
8.          el: '#app',
9.          data: {
10.             firstName: 'Foo',
11.             lastName: 'Bar'
12.         },
13.         computed: {
14.             fullName: {
15.                 // getter
16.                 get: function () {
17.                     return this.firstName + ' ' + this.lastName
18.                 },
19.                 // setter
20.                 set: function (newValue) {
21.                     var names = newValue.split(' ')
22.                     this.firstName = names[0]
23.                     this.lastName = names[names.length - 1]
24.                 }
25.             }
26.         }
27.     })
28. </script>
```

在浏览器控制台输入vm.fullName="menu Bar"后，输出的vm.firstName是menu、vm.lastName是Bar。setter方法和getter方法的区别在于，setter方法是当计算属性的值变化时触发的。

2.3.2　计算属性与methods的区别

例2-8使用计算属性实现总价结算，下面使用methods来实现同样的功能，观察两者的区别，如例2-9所示。

【例2-9】methods。

```
1.  <div id="app">
2.      <h2>图书</h2>
3.    <div>
4.         您购买了{{book.name}}共{{book.count}}本===￥{{book.price}}/本
5.      </div>
6.  <div>总价：{{totalPrice()}}</div>    //注意括号
7.  </div>
8.  <script>
9.  var vm = new Vue({
10.     el: '#app',
11.     data:{
12.         book:{id:1,price:10,name:'Vue入门 ',count:1},
```

< 27 >

```
13.            discount:0.8,
14.            deliver:12
15.            },
16.    methods:{
17.      totalPrice:function(){
18.        return (this.book.price*this.book.count)*this.discount+this.
deliver; //计算属性内部this指向vm实例
19.      }
20.    }
21. })
22. </script>
```

可以将计算总价定义为methods而不是计算属性。两种方式的最终结果是完全相同的，不同的是计算属性是基于依赖进行缓存的。计算属性只在它的相关依赖发生改变时才重新求值。这就意味着只要book的属性还没有发生改变，多次访问 totalPrice计算属性会立即返回先前的计算结果，而不再次执行函数。其中计算属性内部this指向vm实例。相比之下，每当触发重新渲染时，methods总是再次执行函数。

为什么需要缓存？假设有一个性能开销比较大的计算属性，需要遍历一个巨大的数组并做大量的计算，同时可能还有其他的计算属性依赖于它，如果没有缓存，将不可避免地多次重复执行操作。methods没有缓存，所以每次访问都要重新执行函数。如果用户不需要缓存功能，可以使用methods。

下面总结一下计算属性的特点。

（1）计算属性使数据处理结构清晰。

（2）计算属性依赖于数据，若数据更新，则处理结果自动更新。

（3）计算属性内部this指向vm实例。

（4）在模板调用时，直接写计算属性名即可。

（5）计算属性常用的是getter方法，用于获取数据，也可以使用setter方法改变数据。

（6）不管依赖数据是否改变，methods都会重新计算，但是依赖数据不变的时候计算属性从缓存中获取计算结果，不会重新进行计算。

2.4　Vue生命周期

Vue 生命周期

Vue实例在被创建之前会有一个初始化过程，并且创建后有一个完整的生命周期，也就是有从开始创建、初始化数据、编译模板、挂载DOM、渲染→更新→渲染到销毁等的一系列过程，这被称为Vue的生命周期。通俗来说，Vue实例从创建到销毁的过程，就是Vue生命周期。

2.4.1　Vue生命周期图解

Vue生命周期可以分为8个阶段：beforeCreate（创建前）、created（创建后）、beforeMount（挂载前）、mounted（挂载后）、beforeUpdate（更新前）、updated（更新后）、beforeDestroy（销

< 28 >

毁前）、destroyed（销毁后）。Vue官方
称相应的函数为钩子函数。

图2-6所示的Vue生命周期可以帮
助大家理解Vue实例从创建到销毁的
整个过程。使用new Vue()实例化需
要传入一些配置参数，实例创建之前
调用beforeCreate，这是生命周期钩
子函数。然后进行数据的检测和监听
配置，init Events在内部初始化事
件，初始化的是写在HTML模板上绑
定的事件methods。接下来检测Vue中
是否有元素挂载点。如果没有元素挂
载点。则通过mount函数触发；如果
已经触发或者有元素挂载点，则检测
是否有template选项。如果有模板组
件，则使用render函数进行编译；如
果没有模板组件，使用el所在DOM作
为模板编译。下面执行beforeMount生
命周期钩子函数，创建vm.$el替换el
所在DOM，处理完成后监测el对应的
DOM元素是否已经加载到文档流中，
是否能获取到。如果能获取到则执行
mounted函数检测数据；如果数据需要
更新，则执行beforeUpdate函数，利用
虚拟DOM进行DOM更新。更新后有
一个数据的响应机制，执行updated函
数。如果实例需销毁，在实例销毁之
前，会解除事件绑定与数据监听，卸
载子组件、侦听器以及事件监听器等。

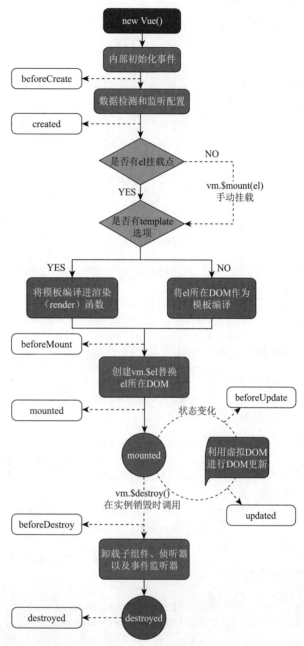

图 2-6　Vue 生命周期

2.4.2　Vue生命周期详解

对于钩子函数的执行顺序和执行时间，读者通过图2-6已经有所了解。下面将结合代码演示
钩子函数的执行效果。代码框架如例2-10所示。

【例2-10】Vue生命周期详解。

```
1.  <!DOCTYPE html>
2.  <html>
3.  <head>
4.      <title></title>
5.      <script type="text/javascript" src="js /vue.js"></script>
6.  </head>
```

< 29 >

```
7.   <body>
8.   <div id="app">
9.        <p>{{ message }}</p>
10.  </div>
11.  <script type="text/javascript">
12.    var app = new Vue({
13.        el: '#app',
14.        data: {
15.             message : "xuxiao is boy"
16.        },
17.        beforeCreate: function () {
18.             console.group('beforeCreate 创建前状态===============》');
19.             console.log("%c%s", "color:red" , "el      : " + this.$el);
//输出未定义
20.             console.log("%c%s", "color:red","data   : " + this.$data);
//输出未定义
21.             console.log("%c%s", "color:red","message: " + this.message)
22.        },
23.        created: function () {
24.             console.group('created 创建完毕状态===============》');
25.             console.log("%c%s", "color:red","el      : " + this.$el);
//输出未定义
26.             console.log("%c%s", "color:red","data    : " + this.$data);
//已被初始化
27.             console.log("%c%s", "color:red","message: " + this.message);
//已被初始化
28.        },
29.        beforeMount: function () {
30.             console.group('beforeMount 挂载前状态===============》');
31.             console.log("%c%s", "color:red","el      : " + (this.$el));
//已被初始化
32.             console.log(this.$el);
33.             console.log("%c%s", "color:red","data    : " + this.$data);
//已被初始化
34.             console.log("%c%s", "color:red","message: " + this.message);
//已被初始化
35.        },
36.        mounted: function () {
37.             console.group('mounted 挂载结束状态===============》');
38.             console.log("%c%s", "color:red","el      : " + this.$el);
//已被初始化
39.             console.log(this.$el);
40.             console.log("%c%s", "color:red","data    : " + this.$data);
//已被初始化
41.             console.log("%c%s", "color:red","message: " + this.message);
//已被初始化
42.        },
43.        beforeUpdate: function () {
44.             console.group('beforeUpdate 更新前状态===============》');
45.             console.log("%c%s", "color:red","el      : " + this.$el);
46.             console.log(this.$el);
47.             console.log("%c%s", "color:red","data    : " + this.$data);
```

< 30 >

```
48.         console.log("%c%s", "color:red","message: " + this.message);
49.     },
50.     updated: function () {
51.         console.group('updated  更新完成状态==============》');
52.         console.log("%c%s", "color:red","el    : " + this.$el);
53.         console.log(this.$el);
54.         console.log("%c%s", "color:red","data  : " + this.$data);
55.         console.log("%c%s", "color:red","message: " + this.message);
56.     },
57.     beforeDestroy: function () {
58.         console.group('beforeDestroy  销毁前状态==============》');
59.         console.log("%c%s", "color:red","el    : " + this.$el);
60.         console.log(this.$el);
61.         console.log("%c%s", "color:red","data  : " + this.$data);
62.         console.log("%c%s", "color:red","message: " + this.message);
63.     },
64.     destroyed: function () {
65.         console.group('destroyed  销毁完成状态==============》');
66.         console.log("%c%s", "color:red","el    : " + this.$el);
67.         console.log(this.$el);
68.         console.log("%c%s", "color:red","data  : " + this.$data);
69.         console.log("%c%s", "color:red","message: " + this.message)
70.     }
71.     })
72. </script>
73. </body>
74. </html>
```

下面对Vue实例各个阶段的函数进行详细说明。

beforeCreate函数：在实例开始初始化时同步调用。此时数据观测、事件等都尚未初始化。

created函数：在实例创建之后调用。此时已完成数据观测、事件等的初始化，但尚未开始DOM编译，即实例未挂载到文档中。

beforeMount函数：在挂载结束之前运行。

mounted函数：在编译结束时调用。此时所有指令已生效，数据变化已能触发DOM更新，但不保证$el已插入文档。

beforeUpdate函数：在实例挂载之后，再次更新实例（如更新data）时会调用该函数，此时尚未更新DOM结构。

updated函数：在实例挂载之后，再次更新实例并更新完DOM结构时调用。

beforeDestroy函数：在开始销毁实例时调用，此刻实例仍然有效。

destroyed函数：在实例被销毁之后调用。此时所有绑定和实例指令都已经解绑，子实例也被销毁。

activated函数：需要配合动态组件keep-live属性使用，在动态组件初始化渲染的过程中调用。

deactivated函数：需要配合动态组件keep-live属性使用，在动态组件初始化移出的过程中调用。

2.4.3　Vue生命周期适合开发的业务应用

Vue生命周期在真实场景下适合开发的业务应用如下，具体应用会在后面的案例中展示。

< 31 >

created：AJAX请求异步数据的获取，初始化数据。

mounted：挂载元素内DOM节点的获取。

updated：数据更新的统一业务逻辑处理。

本章小结

本章介绍了Vue模板语法、响应式声明渲染机制、Vue属性绑定、Vue双向数据绑定、Vue计算属性、计算属性与methods的区别、Vue生命周期，以及Vue生命周期适合开发的业务应用。本章让读者深入了解了Vue的数据绑定原理，以及Vue内部是如何运行的，这些内容对读者以后的开发具有重要的作用。

习题

2-1 编写代码实现双向数据绑定。

2-2 分析Vue计算属性与methods的区别。

2-3 什么是Vue生命周期？

2-4 Vue生命周期中各个钩子函数分别在什么时候执行？

2-5 使用计算属性实现日期的格式化，只显示年月日。

< 32 >

第**3**章 Vue指令

指令是Vue中很重要的功能，在Vue项目中是必不可少的。Vue指令包括v-text（更新元素的textContent）、v-html（更新元素的innerHTML）、v-bind（绑定元素属性）、v-on（绑定事件）、v-model（在表单上创建双向数据绑定）、v-for（多次渲染元素或模块）等。本章从条件渲染、列表渲染、class与style绑定、表单输入绑定等方面来讲解Vue中的重要指令。

本章要点

- Vue指令概述；
- Vue指令详解；
- Vue指令v-if、v-for、v-show；
- Vue指令v-bind实现动态样式绑定；
- Vue指令v-model实现表单输入绑定；
- 综合案例。

3.1 Vue指令概述

指令（Directive）是带有v-前缀的特殊属性。指令属性的值预期是单一JavaScript表达式（除了v-for，后面讨论）。指令的职责是当其表达式的值改变时相应地将某些行为应用到DOM上。

Vue 指令概述

3.1.1 指令

指令通过改变表达式的值来响应式地改变DOM，如图3-1所示。如果我们希望页面上某个标签在满足一定条件的时候才显示，否则不显示，则可以使用指令来实现。

图3-1 指令与DOM

```
<p v-if="flag">我又出现了</p>
```

以上代码要求v-if指令根据表达式flag值的真假来插入或者移除p标签。

```
<a v-bind:href="url">网址</a>
```

当然，Vue指令也支持参数，参数在指令名称之后以冒号引出。例如，第2章提到使用v-bind:href显示超链接，这里的 href 就是参数，用于通知v-bind指令将a标签的href属性与表达式url的值绑定。

3.1.2 指令修饰符

指令的修饰符（Modifier）以"."引出，表示指令应该以特殊的方式进行绑定。例如，.prevent修饰符会阻止当前事件的默认行为，相当于调用事件的event.preventDefault方法。

```
1.  <form v-on:submit.prevent="check"> … </form>
2.  new Vue({
3.          el: "#app",
4.          methods:{
5.                  check:function(){
6.                  console.log("验证信息");
7.          }
8.      }
9.  })
```

在表单的提交事件中添加修饰符 .prevent可阻止表单默认的提交行为，执行用户自定义的check验证方法。

.stop修饰符将阻止事件向上冒泡，相当于调用事件的event.stopPropagation方法。

3.2 Vue指令详解

下面具体讲解Vue指令v-if、v-for、v-on、v-show在开发中如何使用及使用时需要注意的问题。

3.2.1 指令v-if

v-if可以完全根据表达式的值在DOM中生成或移除一个元素。如果v-if的表达式赋值为false，那么对应的元素就会从DOM中移除；否则对应元素会被插入DOM。例3-1所示为v-if的代码框架。

【例3-1】v-if的代码框架。

```
1.  <div id="app">
2.          <p v-if="notice">公告</p>
3.  </div>
4.  new Vue({
5.          el: "#app",
6.          data:{
```

< 34 >

```
7.              notice:true
8.          }
9.      }
10. })
```

v-if需要添加到一个元素上才有效，如果想要切换多个元素，可以把<template>元素当作包装元素，使用v-if来切换元素，代码修改如下。

```
1.  <div id="app">
2.          <!-- template是Vue的容器元素，目前不支持v-show，但支持v-if -->
3.          <template v-if="notice">
4.          <h1>通知</h1>
5.          <p>限时免运费</p>
6.          <p>全场店庆5折起</p>
7.          </template >
8.  </div>
9.  new Vue({
10.         el: "#app",
11.         data:{
12.             notice:true
13.         }
14.     }
15. })
```

v-else一般与v-if搭配使用，如果以下代码中ok的值为false，则输出v-else对应的span标签。

```
1.  <!DOCTYPE html>
2.  <html lang="en">
3.  <head>
4.      <meta charset="UTF-8">
5.      <title>hello,world!</title>
6.  </head>
7.  <body>
8.  <script src="lib/vue.js"></script>
9.  <div id="app-2">
10.     <span v-if="ok">
11.         当true时，显示本内容。
12.     </span>
13.     <span v-else>
14.         当false时，显示本内容。
15.     </span>
16. </div>
17. <script>
18.     var app = new Vue({
19.         el  : '#app-2',
20.         data: {
21.             ok: false
22.         }
23.     })
24. </script>
25. </body>
26. </html>
```

< 35 >

v-else-if用于多重判断，根据type（类型）的值输出对应的值。

```
1.  <div id="app">
2.      <div v-if="type == 'A'">
3.          A
4.      </div>
5.      <div v-else-if="type =='B'">
6.          B
7.      </div>
8.      <div v-else-if="type =='C'">
9.          C
10.     </div>
11.     <div v-else>
12.         Not A/B/C
13.     </div>
14. </div>

15. <script>
16.     new Vue({
17.         el: '#app',
18.         data: {
19.             type: 'C'
20.         }
21.     })
22. </script>
```

3.2.2 指令v-for

v-for可以根据一个数组的选项列表进行渲染，需要用到item in items特殊语法，items是源数据数组，item是数组元素迭代的别名。

1. v-for迭代数组

例3-2所示为迭代数组。

【例3-2】迭代数组。

```
1.  <!DOCTYPE html>
2.  <html lang="en">
3.  <head>
4.      <meta charset="UTF-8">
5.      <title>hello,world!</title>
6.  </head>
7.  <body>
8.  <script src="lib/vue.js"></script>
9.  <div id="app-2">
10.     <ol>
11.         <!--v-for 指令需要用到item in items特殊语法，其中 items 是源数据数组，而
item 是当前迭代的数组元素的别名 -->
12.         <li v-for="todo in todos" >{{todo.text}}</li>
13.     </ol>
```

< 36 >

```
14.    </div>
15.    <button onclick="app.todos.push({ text: '新项目' });">点击新增</button>
16.    <script>
17.        var app = new Vue({
18.            el: '#app-2',
19.            data: {
20.                todos: [
21.                    { text: '学习 JavaScript',id: '1'},
22.                    { text: '学习 Vue', id: '2' },
23.                    { text: '整个牛项目',id: '3' }
24.                ]
25.            }
26.        })
27.        // v-for 指令可以绑定数组的数据来渲染一个项目列表
28.    </script>
29.    </body>
30.    </html>
```

例3-2循环输出todos数组中的文本，单击"点击新增"按钮可向列表中动态添加新项目。

v-for有对父作用域属性的完全访问权限，支持可选的第二参数作为当前项的索引。修改li为(item,index) in array可以访问索引。

```
1.    <!--在 v-for 指令里可以访问父作用域的属性。v-for 也支持可选的第二参数，它的值是当前数组项的索引。-->
2.    <li v-for="(todo,index) in todos" >
3.            {{ name }} 在乐美的第 {{ index }} 件事情: {{todo.text}}
4.    </li>
```

也可以用of替代in作为分隔符，这样较接近JavaScript迭代器的语法。

```
<div v-for="item of array"></div>
```

2．v-for迭代对象

（1）通过一个对象的属性来迭代。

```
1.    <ul id="repeat-object" class="demo">
2.        <li v-for="value in object">
3.            {{ value }}
4.        </li>
5.    </ul>
```

（2）提供第二个参数为键名。

```
1.    <div v-for="(value, key) in object">
2.        {{ key }} : {{ value }}
3.    </div>
```

（3）提供第三个参数为索引。

```
1.    <div v-for="(value, key, index) in object">
2.        {{ index }}. {{ key }} : {{ value }}
```

```
3.   </div>
```

（4）整数迭代。

```
1.   <div>
2.     <span v-for="n in 10">{{ n }} </span>
3.   </div>
```

例3-3所示为迭代对象，使用了参数value、key、index。

【例3-3】迭代对象。

```
1.   <!DOCTYPE html>
2.   <html lang="en">
3.   <head>
4.       <meta charset="UTF-8">
5.       <title>hello,world!</title>
6.   </head>
7.   <body>
8.   <script src="lib/vue.js"></script>
9.   <div id="app-7">
10.      <ol>
11.         <template v-for="(value,key,index) in myObj" >
12.             <li>{{ key }}</li>
13.             <p>备注说明{{index}}: {{ value }}</p>
14.         </template>
15.      </ol>
16.  </div>
17.  <script>
18.      var app7 = new Vue({
19.          el: '#app-7',
20.          data: {
21.              myObj: {
22.                  '蔬菜': '蔬菜是个好东西',
23.                  '奶酪': '奶酪是个好东西',
24.                  '水果': '水果也是个好东西'
25.              }
26.          },
27.      })
28.  </script>
29.  </body>
30.  </html>
```

运行结果如图3-2所示。

遍历对象按Object.keys()的结果遍历，但是不能保证遍历的结果在不同的JavaScript引擎下是一致的。

3. v-for与<template>

如同v-if指令，用户若需要渲染一个包含多个元素的模块，使用v-for遍历多个标签，就需要使用<template>。同样，<template>元素在实际渲

图3-2　迭代对象

< 38 >

染的时候是不显示在网页上的，只是起到一个包装作用。

【例3-4】v-for与<template>。

```
1.   <!DOCTYPE html>
2.   <html lang="en">
3.   <head>
4.       <meta charset="UTF-8">
5.       <title>Title</title>
6.       <script src="lib/vue.js"></script>
7.   </head>
8.   <body>
9.   <h1>v-for指令根据数组内容渲染列表页</h1>
10.  <div id="myApp">
11.      <h2>单位基本情况</h2>
12.      <template v-for="(v,k) in school">
13.          {{k}} -- {{v}} <br>
14.      </template>
15.      单位名称: {{ school.name}}
16.      地址: {{ school.address}}
17.      <h2>{{name}}</h2>
18.      <ol>
19.          <!-- (i,m) 第一个参数 i 是元素值, 第二个参数 m 是元素索引 -->
20.          <template v-for="(i,m) in list">
21.              <li>姓名: {{i.message}} 名次: {{m+1}}</li>
22.              <p>{{i.mem}}</p>
23.          </template>
24.      </ol>
25.  </div>
26.  <script>
27.      var data = {
28.          school: {
29.              name: '乐美无限',
30.              address: '北京'
31.          },
32.          name: '名单列表',
33.          list: [
34.              {message: "张三",mem:" 该同志是一个好同志！ "},
35.              {message: "张三",mem:" 该同志是一个好同志！ "},
36.              {message: "张三",mem:" 该同志是一个好同志！ "},
37.              {message: "张三",mem:" 该同志是一个好同志！ "},
38.              {message: "张三",mem:" 该同志是一个好同志！ "}
39.              ]
40.      }
41.      var app = new Vue({
42.          el: '#myApp',
43.          data: data
44.      })
45.  </script>
46.  </body>
47.  </html>
```

运行结果如图3-3所示。

< 39 >

图 3-3　v-for 与 \<template\>

从图3-3可以看到，template标签并没有显示，只是起到了包装作用。list数组的数据已经渲染到DOM中。例3-5所示为v-for定时修改数据的代码框架。

【例3-5】v-for定时修改数据的代码框架。

```
1.   <!DOCTYPE html>
2.   <html lang="en">
3.   <head>
4.       <meta charset="UTF-8">
5.       <title>hello,world!</title>
6.   </head>
7.   <body>
8.   <script src="lib/vue.js"></script>
9.   <div id="app-7">
10.      <ol>
11.          <template v-for="item in groceryList" >
12.              <li>{{ item.text }}</li>
13.              <p>备注说明：{{item.memo}}</p>
14.          </template>
15.      </ol>
16.  </div>
17.  <script>
18.      var app7 = new Vue({
19.          el: '#app-7',
20.          data: {
21.              groceryList: [
22.                  { text: '蔬菜',memo:'蔬菜是个好东西',id: '1' },
23.                  { text: '奶酪',memo:'奶酪是个好东西',id: '1' },
24.                  { text: '水果',memo:'水果是个好东西',id: '1' }
25.              ]
26.          }
27.      })
28.      // data 属性是一个对象，该对象的属性会自动转为Vue实例（对象）的新属性，新属性具有
getter、setter方法
```

< 40 >

```
29.        console.log(app7.groceryList) ;
30.        setTimeout('app7.groceryList = [{text:"test"},{text:"change"}] ',5000) ;
31.        // 除了 data 属性，Vue 实例还提供一些有用的实例属性与方法，这些属性与方法都有前缀
$，以便与代理的 data 属性区分
32.        console.log(app7.$el === document.getElementById('app-7')) ;
33.    </script>
34.    </body>
35.    </html>
```

　　运行后在浏览器控制台可以观察到，5s后data的值已被修改，如图3-4所示。如果数据从后台接口获取，则数据改变DOM结构后内容将自动更新。

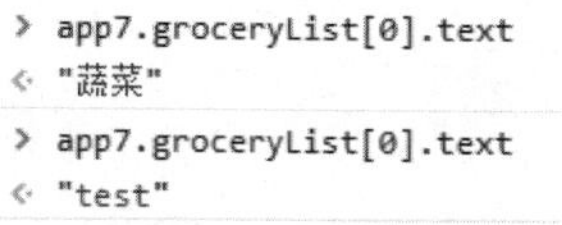

```
> app7.groceryList[0].text
< "蔬菜"
> app7.groceryList[0].text
< "test"
```

图 3-4　setTimeout 修改 data

3.2.3　指令v-on

　　v-on可以绑定一个事件监听器，通过它调用Vue实例中定义的方法；v-on也可用于绑定HTML代码中的单击事件。以下代码使用v-on:click绑定事件。

```
1.    <div id="app">
2.    <!--greet是在下面定义的方法名 -->
3.    <button v-on:click="greet">Greet</button>
4.    </div>

5.    <script>
6.    var app = new Vue({
7.        el: '#app',
8.        data: {
9.            name: 'Vue.js'
10.        },
11.        // 在methods对象中定义方法
12.        methods: {
13.            greet: function () {
14.                //this在方法里指当前 Vue 实例
15.                alert(this.name + '的方法被调用了! ')
16.            }
17.        }
18.    })
19.    </script>
```

　　例3-6所示为v-on绑定事件的代码框架。

　　【例3-6】v-on绑定事件的代码框架。

```
1.    <!DOCTYPE html>
2.    <html lang="en">
3.    <head>
4.        <meta charset="UTF-8">
5.        <title>Title</title>
6.        <script src="lib/vue.js"></script>
7.    </head>
8.    <body>
```

< 41 >

```
9.     <h1>演示v-on指令处理事件</h1>
10.    <div id="myApp">
11.        {{count}}
12.        <button v-on:click="countNum">单击计数</button>
13.        <button v-on:click="sayHi('张三')($event)">say Hi!</button>
14.    </div>
15.    <script>
16.        var app = new Vue({
17.            el: "#myApp",
18.            data: {
19.                count: 0
20.            },
21.            methods : {
22.                countNum: function(event){
23.                    this.count++ ;
24.                    console.log(event)
25.                },
26.                sayHi: function(name){
27.                    alert("hi"+" "+name)
28.                    return this.countNum ;
29.                }
30.            },
31.        })
32.        app.countNum() ;
33.    </script>
34.    </body>
35.    </html>
```

运行结果如图3-5所示，单击"单击计数"按钮，可以调用countNum方法；单击"say Hi!"按钮，可以输出this.countNum的值。

图 3-5　v-on 绑定事件

3.2.4　指令v-show

v-show的用法与前面的v-if类似，把例3-1中的if修改成show程序也可正常运行。通过此指令可以控制元素的显示与隐藏，即控制元素的display。

```
1.    <div v-show="true" style="display:none">我显示</div>
2.    <div v-show="false" style="display:none">我隐藏</div>
```

下面通过例3-7演示v-show、例3-8演示v-show与v-if，单击相应按钮可切换元素的显示与隐藏状态。

【例3-7】v-show。

```
1.    <div id="app">
2.        <p v-show="ok">v-show控制display属性</p>
3.        <button v-on:click='toggle()'>Toggle</button>
4.        <p>ok: {{ok}}</p>
```

< 42 >

```
5.   </div>
6.
7.   <script>
8.      var vm=new Vue({
9.   el:'#app',
10.  data:{
11.         ok:true
12.  },
13.  methods:{
14.         toggle(){
15.                  this.ok=!this.ok;
16.  }
17.          }
18.     })
19.  </script>
```

【例3-8】 v-show与v-if。

```
1.   <!DOCTYPE html>
2.   <html lang="en">
3.   <head>
4.       <meta charset="UTF-8">
5.       <title>hello,world!</title>
6.   </head>
7.   <body>
8.   <script src="lib/vue.js"></script>
9.   <div id="app-2">
10.     <span v-show="computedSeen">
11.     v-show: 用 CSS(display:none)来显示或隐藏。 这不会修改DOM。
12.     </span> No Show.
13.     <hr>
14.     <!-- v-if: 控制显示与否-->
15.     <span v-if="seen">
16.     鼠标悬停几秒查看此处动态绑定的提示信息！这会修改DOM。
17.     </span>
18.     <h1 v-else>No Seen</h1>
19.     <!--'v-else'元素必须紧挨着 v-if 元素，否则它将无法被识别。-->
20.     <template v-if="seen">
21.             <!--由于 v-if 是一个指令，它必须添加在单个元素上。但是如果我们想切换多个元
素要怎么做呢？可以通过让 <template> 元素充当一个不可见的包装元素，并在 <template> 元素上
使用 v-if 来实现，最终的渲染结果不会包含<template> 元素。-->
22.             <h1>多标记if</h1>
23.             <p>段落1</p>
24.             <p>段落2</p>
25.         </template>
26.  </div>
27.  <button onclick="app.seen = !app.seen;">单击切换</button>
28.  <script>
29.     var app = new Vue({
30.         el  : '#app-2',
31.         data: {
32.              seen: true
```

< 43 >

```
33.            },
34.            computed: {
35.                computedSeen: function(){
36.                    return !this.seen ;
37.                }
38.            }
39.        })
40. </script>
41. </body>
42. </html>
```

<template>是Vue的容器元素，目前不支持v-show，但支持v-if。通过例3-8我们可以发现v-if和v-show的区别如下。

（1）v-if是动态地向DOM树内添加或者删除DOM元素；v-show是通过设置DOM元素的display样式属性来控制DOM元素的显隐。

（2）v-if是真实的条件渲染，因为它会确保条件块在切换中适当地销毁与重建其中的事件监听器和子组件；v-show只是简单地基于CSS切换。

（3）v-if是惰性的，如果在初始渲染时条件为假，则什么也不做，在条件第一次变为真时才开始局部编译（编译会被缓存起来）；v-show是在任何条件下（无论首次条件是否为真）都被编译，然后被缓存，而且DOM元素会被保留。

（4）相比之下，v-show简单得多，元素始终被编译并保留，只是简单地基于CSS切换。

（5）一般来说，v-if有更高的切换消耗而v-show有更高的初始渲染消耗。因此，如果需要频繁切换，则使用v-show较好；如果在运行时条件不大可能改变，则使用v-if较好。

还有两个指令：v-text与v-html。其中v-text能读取文本，不能读取HTML标签；v-html能读取HTML标签。

```
1.  <div id="box">
2.      <div v-text="msg"></div>
3.  </div>
4.
5.  <script>
6.      new Vue({
7.          el: "#box",
8.          data(){
9.              return {
10.                 msg:"我在学习Vue"
11.             }
12.         }
13.     })
14. </script>
```

修改第2行和第10行为使用v-html指令，那么msg中可以使用HTML标签。

```
2.          <div v-html="msg"></div>
```

```
10.              msg:"<h1>我在学习Vue </h1>"
```

< 44 >

3.3 Vue动态样式绑定

Vue 动态样式
绑定、综合
案例

Vue.js的核心是一个响应式数据绑定系统，允许在普通的HTML模板中使用指令将DOM绑定到底层数据。被绑定的DOM将与数据保持同步，当数据发生改动时，相应的DOM也会试图更新。基于这种特性，通过Vue.js动态绑定class和行内样式非常简单。

3.3.1 v-bind指令属性

Vue指令以v-前缀开始，数据绑定的指令为"v-bind:属性名"。前面提到的超链接数据绑定用的就是v-bind:href。例3-9所示为v-bind的使用。

【例3-9】v-bind的使用。

```
1.  <!DOCTYPE html>
2.  <html lang="en">
3.  <head>
4.      <meta charset="UTF-8">
5.      <title>hello,world!</title>
6.  </head>
7.  <body>
8.  <script src="lib/vue.js"></script>
9.  <h1>绑定标签的指定属性，采用表达式方式</h1>
10. <div id="app-2">
11.
12.    <span v-bind:title="message">
13.      鼠标悬停几秒查看此处动态绑定的提示信息!
14.    </span>
15.    <a v-bind:href="url">点击跳转</a>
16. </div>
17.
18. <script>
19.     var app = new Vue({
20.         el: '#app-2',
21.         data: {
22.             message: '页面加载于 ' + new Date(),
23.             url: 'http://www.h5peixun.com/'
24.         }
25.     })
26.     // v-bind 属性被称为指令。指令带有前缀 v-，以表示它们是 Vue 提供的特殊属性，它们会在渲染的 DOM 上应用特殊的响应式行为。这里该指令的作用是"使这个元素节点的 title 属性和 Vue 实例的 message 属性保持一致"
27. </script>
28. </body>
29. </html>
```

< 45 >

3.3.2 v-bind对象表达式绑定class

本节介绍采用对象表达式和计算属性的方式绑定class属性。例3-10所示为v-bind对象表达式绑定class。

【例3-10】v-bind对象表达式绑定class。

```
1.  <!DOCTYPE html>
2.  <html lang="en">
3.  <head>
4.      <meta charset="UTF-8">
5.      <title>hello,world!</title>
6.  </head>
7.  <body>
8.  <script src="https://unpkg.com/vue/dist/vue.js"></script>
9.  <h1>绑定class属性，采用对象表达式</h1>
10. <div id="app-2">
11.     <!-- 内联对象模式，下面会渲染为<div class="static active"></div> -->
12.     <div class="static" v-bind:class="{ active: isActive, 'text-danger':
hasError }">
13.         welcome to nemotec! 内联对象模式。
14.     </div>
15.     <div v-bind:class="classObject">welcome to nemotec! 表达式方式</div>
16.     <div v-bind:class="computedClass">welcome to nemotec! 计算属性方式</div>
17. </div>
18.
19. <script>
20.     var app = new Vue({
21.         el: '#app-2',
22.         data: {
23.             isActive: true,
24.             hasError: false,
25.             classObject: {
26.                 active: true,
27.                 'text-danger': false
28.             }
29.         },
30.         computed: {
31.             computedClass: function(){
32.                 return {
33.                     active: this.isActive && !this.error,
34.                     'text-danger': this.error && this.error.type === 'fatal',
35.                     textDanger:true
36.                 }
37.             }
38.         }
39.     })
40. </script>
41. </body>
42. </html>
```

< 46 >

3.3.3 v-bind数组表达式绑定class

本节介绍采用数组表达式、三元表达式及二者混合的方式绑定class属性。例3-11所示为v-bind数组表达式绑定class。

【例3-11】v-bind数组表达式绑定class。

```
1.  <!DOCTYPE html>
2.  <html lang="en">
3.  <head>
4.      <meta charset="UTF-8">
5.      <title>hello,world!</title>
6.  </head>
7.  <body>
8.  <script src="lib/vue.js"></script>
9.  <h1>绑定class属性，采用数组表达式</h1>
10. <div id="app-2">
11.     <!-- 内联对象模式，下面会渲染为<div class="active text-danger"></div> -->
12.     <div v-bind:class="[activeClass, errorClass]">
13.         welcome to nemotec! 直接数组方式
14.     </div>
15.     <div v-bind:class="[isActive ? activeClass : '', errorClass]">
16.         welcome to nemotec! 三元表达式
17.     </div>
18.     <div v-bind:class="[{ active: isActive }, errorClass]">
19.         welcome to nemotec! 混合使用
20.     </div>
21. </div>
22. <script>
23.     var app = new Vue({
24.         el: '#app-2',
25.         data: {
26.             isActive: true,
27.             activeClass: 'active',
28.             errorClass: 'text-danger'
29.         }
30.     })
31. </script>
32. </body>
33. </html>
```

3.3.4 v-bind对象语法绑定行内样式

本节介绍采用对象语法的方式绑定行内样式。例3-12所示为v-bind对象语法绑定行内样式。

【例3-12】v-bind对象语法绑定行内样式。

```
1.  <!DOCTYPE html>
2.  <html lang="en">
3.  <head>
4.      <meta charset="UTF-8">
```

< 47 >

```
5.       <title>hello,world!</title>
6.    </head>
7.    <body>
8.    <script src="lib/vue.js"></script>
9.    <h1>绑定行内样式，采用对象语法</h1>
10.   <div id="app-2">
11.       <div v-bind:style="{ color: activeColor, fontSize: fontSize + 'px' }">
12.           welcome to nemotec! 对象语法方式
13.       </div>
14.       <div v-bind:style="styleObject">
15.           welcome to nemotec! 对象语法方式
16.       </div>
17.   </div>
18.   <script>
19.       var app = new Vue({
20.           el: '#app-2',
21.           data: {
22.               activeColor: 'red',
23.               fontSize: 30,
24.               styleObject: {
25.                   color: 'red',
26.                   fontSize: '13px'
27.               }
28.           }
29.       })
30.   </script>
31.   </body>
32.   </html>
```

3.3.5　v-bind数组语法绑定行内样式

本节介绍采用数组语法的方式绑定行内样式。例3-13所示为v-bind数组语法绑定行内样式。

【例3-13】v-bind数组语法绑定行内样式。

```
1.    <!DOCTYPE html>
2.    <html lang="en">
3.    <head>
4.        <meta charset="UTF-8">
5.        <title>hello,world!</title>
6.    </head>
7.    <body>
8.    <script src="lib/vue.js"></script>
9.    <h1>绑定行内样式，采用数组语法</h1>
10.   <div id="app-2">
11.       <!-- 添加多个样式对象到同一个元素上 -->
12.       <div v-bind:style="[baseStyles, overridingStyles]">
13.           welcome to nemotec! 数组语法方式
14.       </div>
15.   </div>
16.   <script>
17.       var app = new Vue({
```

< 48 >

```
18.        el: '#app-2',
19.        data: {
20.            baseStyles: {
21.                border: '1px solid green',
22.                fontSize: '30px'
23.            },
24.            overridingStyles: {
25.                transform:'rotate(7deg)',
26.                color: 'red',
27.                fontSize: '13px'
28.            }
29.        }
30.    })
31. </script>
32. </body>
33. </html>
```

3.4 Vue表单输入绑定

3.4.1 指令v-model

v-model指令在表单控件元素上创建双向
数据绑定，能够根据控件类型自动选取正确
的方法更新元素。图3-6所示为使用v-model指
令通过监听用户的输入事件来更新数据。

图 3-6 使用 v-model 指令

1．文本框

在文本框中输入的内容会自动绑定到 msg 中，不再需要像Query一样通过选择器来获取元素
并得到元素的值，如使用$("#app>input").val()获取值。如下代码使用v-model绑定文本框。

```
1. <div id="app">
2.    <input v-model="message" type="text" >
3.    <p>Msg is:{{ message }}</p>
4. </div>

5. <script>
6.    var vm = new Vue({
7.        el:'#app',
8.        data:{
9.            message: 'Hello Vue!'
10.        }
11.    })
12.    // v-model 指令，轻松实现表单输入和应用状态之间的双向绑定
13. </script>
```

< 49 >

以上代码运行后，在文本框输入"内容自动绑定，让jQuery下岗"，数据实现双向绑定，结果如图3-7所示。

图 3-7　v-model 绑定文本框

2．文本域

文本域实现数据绑定，需使用v-model将数据与Vue实例中的msg绑定。

```
1.  <div id="app">
2.      <textarea v-model="msg" cols="60" rows="4"></textarea><br>
3.      <span>文本域内容：{{ msg }}</span>
4.  </div>

5.  <script>
6.      var vm = new Vue({
7.          el:'#app',
8.          data:{
9.              msg:''
10.          }
11.      })
12. </script>
```

运行结果如图3-8所示。

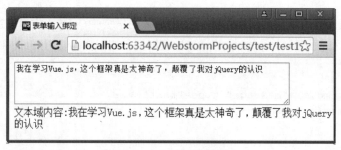

图 3-8　v-model 绑定文本域

3．复选框

复选框单个勾选：选中复选框时check的值为true，没有选中时check的值为false。

```
1.  <div id="app">
2.      <input type="checkbox" v-model="check">
3.      <label>{{ check }}</label>
```

< 50 >

```
4.  </div>

5.  <script>
6.      var vm = new Vue({
7.          el:'#app',
8.          data:{
9.              check:''
10.         }
11.     })
12. </script>
```

复选框多个勾选：使用v-model绑定checkedNames，被勾选的复选框自动绑定到checked Names中。

```
1.  <div id="app">
2.      <input type="checkbox" value="篮球" v-model="checkedNames">
3.      <label>篮球</label>
4.      <input type="checkbox" value="足球" v-model="checkedNames">
5.       <label>足球</label>
6.      <input type="checkbox" value="羽毛球" v-model="checkedNames">
7.      <label>羽毛球</label>
8.      <br>
9.      <span>爱好:{{checkedNames}}</span>
10. </div>

11. <script>
12.     var vm = new Vue({
13.         el:'#app',
14.         data:{
15.             checkedNames:[]
16.         }
17.     })
18. </script>
```

复选框多个勾选的运行结果如图3-9所示。

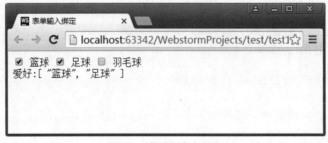

图3-9　复选框多个勾选

4. 单选按钮

被选择的单选按钮通过v-model="sex"自动绑定到sex中。

```
1.  <div id="app">
2.      <input type="radio" value="男" v-model="sex">
```

< 51 >

```
3.        <label>男</label><br>
4.        <input type="radio" value="女" v-model="sex">
5.        <label>女</label><br>
6.        <span>性别: {{ sex }}</span>
7.  </div>

8.  <script>
9.      var vm = new Vue({
10.         el:'#app',
11.         data:{
12.             sex:''
13.         }
14.     })
15. </script>
```

v-model绑定单选按钮的运行结果如图3-10所示。

图 3-10 v-model 绑定单选按钮

5．选择列表

（1）通过学习v-model绑定选择列表，读者能够发现Vue也可以非常轻松地绑定select元素。下面演示如何使用v-model绑定单选列表。

```
1.  <div id="app">
2.      <select v-model="love">
3.          <option value="">爱好</option>
4.          <option>篮球</option>
5.          <option>足球</option>
6.          <option>羽毛球</option>
7.      </select>
8.      <span>爱好: {{ love }}</span>
9.  </div>

10. <script>
11.     var vm = new Vue({
12.         el:'#app',
13.             data:{
14.                 love:''
15.             }
16.     })
17. </script>
```

v-model绑定单选列表的运行结果如图3-11所示。

< 52 >

图 3-11　v-model 绑定单选列表

（2）v-model绑定多选列表只需要给select元素加上multiple属性。

```
1.   <div id="app">
2.       <select v-model="love" multiple >
3.           <option value="">爱好</option>
4.           <option>篮球</option>
5.           <option>足球</option>
6.           <option>羽毛球</option>
7.       </select>
8.       <span>爱好: {{ love }}</span>
9.   </div>
10.
11.  <script>
12.      var vm = new Vue({
13.          el:'#app',
14.          data:{
15.              love:[]
16.          }
17.      })
18.  </script>
```

v-model绑定多选列表的运行结果如图3-12所示。

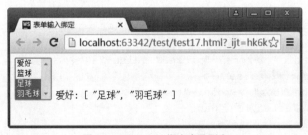

图 3-12　v-model 绑定多选列表

上面使用v-model绑定的HTML文本都是静态HTML文本，下面介绍使用v-for渲染动态生成选项。

```
1.   <div id="app">
2.       <select v-model="selected">
3.           <option v-for="option in options">
4.               {{ option.text }}
5.           </option>
6.       </select>
```

< 53 >

```
7.        <span>选择: {{selected}}</span>
8.    </div>
9.    <script>
10.       var vm = new Vue({
11.           el: '#app',
12.           data: {
13.                 selected:"跑步",
14.                 options: [
15.                             { text: '跑步',id: '1'},
16                             { text: '瑜伽',id: '2' },
17.                            { text: '读书',id: '3' }
18.                         ]
19.           }
20.       })
21. </script>
```

动态生成选项的运行结果如图3-13所示。

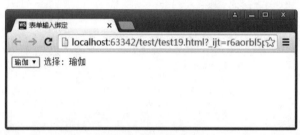

图 3-13　动态生成选项

3.4.2　v-bind在控件上绑定value

在3.4.1节介绍的复选框、单选按钮及选择列表中，v-model 绑定的 value 都是静态的、固定不变的。

```
1.  <!-- 当选中时, picked为字符串a-->
2.  <input type="radio" v-model="picked" value="a">
3.  <!--toggle为 true 或 false -->
4.  <input type="checkbox" v-model="toggle">
5.  <!-- 当选中时, selected为字符串abc-->
6.  <select v-model="selected">
7.  <option value="abc">ABC</option>
8.  </select>
```

但是在更多时候，需要绑定value到Vue实例上的动态属性，而v-bind 可以实现DOM绑定属性。

1. 复选框

```
1.   <div id="app">
2.        <input type="checkbox" v-model="toggle" v-bind:true-value="true"
v-bind:false-value="false">
```

< 54 >

```
3.        <span>{{ toggle }}</span>
4.    </div>

5.    <script>
6.        var vm = new Vue({
7.            el:'#app',
8.            data:{
9.                a:'true',
10.               b:'false' ,
11.               toggle:'true'
12.           }
13.       })
14.   </script>
```

2．单选按钮

```
1.    <div id="app">
2.        <input type="radio" v-model="radio" v-bind:value="true">
3.        <span>{{ radio }}</span>
4.    </div>

5.    <script>
6.        var vm = new Vue({
7.            el:'#app',
8.            data:{
9.                a:'true',
10.               radio:''
11.           }
12.       })
13.   </script>
```

3．选择列表

```
1.    <select v-model="selected">
2.        <!-- 对象字面量 -->
3.        <option v-bind:value="{ number: 1 }">1</option>
4.    </select>
5.    // 当选中时
6.    typeof vm.selected // -> 'object'
7.    vm.selected.number // -> 1
```

4．选择列表v-bind绑定value

```
1.    <div id="app">
2.        <select v-model="selected">
3.            <option v-for="option in options" v-bind:value="option.value">
4.                {{ option.text }}
5.            </option>
6.        </select>
```

< 55 >

```
7.        <span>选择: {{ selected}}</span>
8.    </div>
9.    <script>
10.       var vm = new Vue({
11.           el: '#app',
12.           data: {
13.           selected: '1',
14.           options: [
15.                        { text: '跑步', value: '1' },
16.                        { text: '瑜伽', value: '2' },
17.                        { text: '读书', value: '3' }
18.                   ]
19.           }
20.       })
21.   </script>
```

例3-14所示为表单输入绑定，例3-15演示了注册过程。

【例3-14】表单输入绑定。

```
1.    <!DOCTYPE html>
2.    <html lang="en">
3.    <head>
4.        <meta charset="UTF-8">
5.        <title>hello,world!</title>
6.    </head>
7.    <body>
8.    <script src="https://unpkg.com/vue/dist/vue.js"></script>
9.
10.   <div id="app-2">
11.        <span>多行文本:</span>
12.        <p style="white-space: pre">{{ message }}</p>
13.        <br>
14.        <textarea v-model="message" placeholder="add multiple lines"></textarea>
15.
16.        <input type="checkbox" id="checkbox" v-model="checked">
17.        <label for="checkbox">{{ checked }}</label>
18.
19.        <input type="checkbox" id="jack" value="Jack" v-model="checkedNames">
20.        <label for="jack">Jack</label>
21.        <input type="checkbox" id="john" value="John" v-model="checkedNames">
22.        <label for="john">John</label>
23.        <input type="checkbox" id="mike" value="Mike" v-model="checkedNames">
24.        <label for="mike">Mike</label>
25.        <br>
26.        <span>Checked names: {{ checkedNames }}</span>
27.
28.        <br>
29.        <input type="radio" id="one" name="myRadio" value="One" v-model="picked">
30.        <label for="one">One</label>
31.        <br>
32.        <input type="radio" id="two" name="myRadio" value="Two" v-model="picked">
33.        <label for="two">Two</label>
```

< 56 >

```
34.        <br>
35.        <span>Picked: {{ picked }}</span>
36.
37.        <hr>
38.        <!-- 单选 -->
39.      <select v-model="selected">
40.          <option>A</option>
41.          <option>B</option>
42.          <option>C</option>
43.      </select>
44.      <span>Selected: {{ selected }}</span>
45.
46.        <hr>
47.        <!-- 多选 -->
48.        <select v-model="mSelected" multiple>
49.          <option>A</option>
50.          <option>B</option>
51.          <option>C</option>
52.        </select>
53.        <br>
54.        <span>Selected: {{ mSelected }}</span>
55.
56.        <hr>
57.        <!-- v-for渲染出来的动态选项 -->
58.        <select v-model="selected">
59.          <option v-for="option in options" v-bind:value="option.value">
60.              {{ option.text }}
61.          </option>
62.        </select>
63.        <span>Selected: {{ selected }}</span>
64. </div>
65.
66. <script>
67.      var app = new Vue({
68.          el: '#app-2',
69.          data: {
70.              message: 'Hello Vue!',
71.              checked: true,
72.              checkedNames:['Mike','Jack'],
73.              picked: 'One',
74.              selected: 'A',
75.              mSelected: ['A','C'],
76.              options: [
77.                  { text: 'One', value: 'A' },
78.                  { text: 'Two', value: 'B' },
79.                  { text: 'Three', value: 'C' }
80.              ]
81.          }
82.      })
83.      // v-model 指令，轻松实现表单输入和应用状态之间的双向绑定
84. </script>
85. </body>
86. </html>
```

< 57 >

【例3-15】注册过程。

```
1.   <div id="app" style=" margin:0 auto; width:1000px; height:610px;
border:1px solid #0f0f0f">
2.        <h2 style="text-align: center">填写个人信息</h2>
3.        <div style="width: 500px; float: left">
4.        <div style="margin-left: 30px">
5.             <form>
6.                 姓名：<input v-model="user" type="text" name="user"><br><br>
7.                 <fieldset style="margin-right: 30px">
8.                     <legend>健康信息</legend>
9.                     身高: <input type="text" v-model="height"> 体重: <input
type="text" v-model="weight">
10.                </fieldset><br>
11.                性别：
12.                <input type="radio" value="男" v-model="sex">
13.                <label>男</label>
14.                <input type="radio" value="女" v-model="sex">
15.                <label>女</label><br><br>
16.                喜爱的运动：<br><br>
17.                <input type="checkbox" value="篮球" v-model="checkedNames">
18.                <label>篮球</label>
19.                <input type="checkbox" value="足球" v-model="checkedNames">
20.                <label>足球</label>
21.                <input type="checkbox" value="羽毛球" v-model="checkedNames">
22.                <label>羽毛球</label>
23.                <input type="checkbox" value="跑步" v-model="checkedNames">
24.                 <label>跑步</label><br><br>
25.                <label>地址：</label>
26.                <select name="city" v-model="address">
27.                    <option value="">请选择城市</option>
28.                    <option value="北京">北京</option>
29.                    <option value="上海">上海</option>
30.                    <option value="广州">广州</option>
31.                    <option value="深圳">深圳</option>
32.                    <option value="杭州">杭州</option>
33.
34.                </select>
35.                <br><br>
36.                个人简介：<br>
37.                <textarea v-model="profile" cols="50" rows="6">
38.                 填写信息
39.                </textarea><br><br>
40.                <div style="text-align: center">
41.                    <input type="submit" value="提交">
42.                    <input type="reset" value="重置">
43.                </div>
44.            </form>
45.        </div>
46.  </div>
47.  <div style="width: 500px; float: right">
48.        <div style="margin-left: 30px">
```

< 58 >

```
49.              姓名：{{ user }}<br><br><br>
50.              身高：{{ height }}<br>
51.              体重：{{ weight }}<br><br>
52.              性别：{{ sex }}<br><br>
53.              喜爱的运动：{{ checkedNames }}<br><br><br><br>
54.              地址：{{ address }}<br><br>
55.              个人简介：{{ profile }}
56.          </div>
57.      </div>
58. </div>

59. <script type="text/javascript">
60.     var vm = new Vue({
61.         el:'#app',
62.         data:{
63.             user:'',
64.             height:'',
65.             weight:'',
66.             sex:'',
67.             checkedNames:[],
68.             address:'',
69.             profile:''
70.         }
71.     })
72. </script>
```

例3-15的运行结果如图3-14所示。

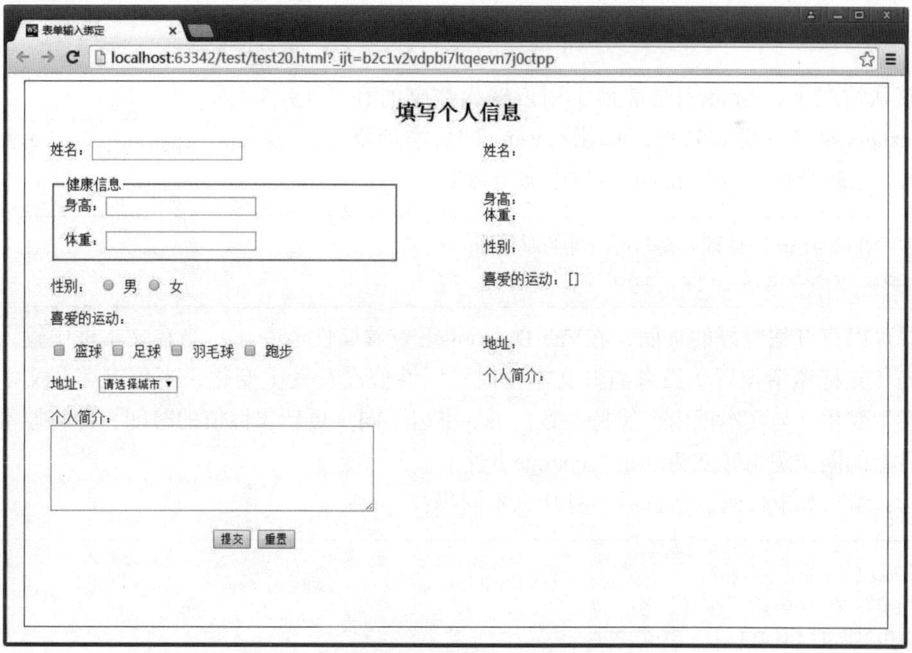

图 3-14　注册过程

我们输入个人信息后，数据将自动绑定显示到界面上，比使用jQuery方便很多。图3-15所示为表单元素中输入的数据自动绑定到data中。

< 59 >

图 3-15　输入数据自动绑定

图3-16所示为浏览器控制台输出的自动绑定到data中的数据。

3.4.3 表单中的修饰符

1．.lazy

在默认情况下，v-model通常是于用户输入数据时在input和textarea事件中绑定数据。如果在v-model后添加修饰符.lazy，它就会转变为在change事件中绑定数据。

图 3-16　自动绑定到 data 中的数据

```
1.  <!-- 在change事件而不是input事件中更新 -->
2.  <input v-model.lazy="msg" >
```

用户可以打开编写好的页面，在Vue Devtools下查看属性值变化：当在文本框中输入内容，并且焦点（光标激活位置）没有离开文本框时，属性值没有发生变化；当焦点离开文本框时，属性值发生变化并与文本框内容保持一致。.lazy推迟了同步更新属性值的时间，即将原本绑定在input事件上的同步逻辑转变为绑定在change事件上。

思考：编写如下代码，运行后会有什么不同吗？

```
1.  <h2>input事件</h2>
2.  <input v-model="msg" >
3.  <span>Msg:{{msg}}</span>
4.
5.  <h2>Lazy-改变更新的事件从input->change</h2>
6.  <input v-model.lazy="msg" >
7.  <span>Msg:{{msg}}</span>
```

< 60 >

2．.number

修饰符.number是用来将输入内容自动转换成数值的，用法是直接在v-model后添加.number。该修饰符只对完全由数字组成的字符串有效，当字符串中有非数字字符时，属性值不会变化。

```
<input v-model.number="age" type="text">
```

3．.trim

修饰符.trim的作用就是自动过滤用户输入的首尾空格，用法和上边的两个修饰符一样，在v-model后添加.trim。

```
<input v-model.trim="msg">
```

3.5　综合案例

前文介绍了Vue中常用的指令v-if、v-for、v-bind、v-model等。例3-16演示如何管理需要添加的待办项，功能包括输入新的待办项并将其添加到列表中、单击"×"按钮移除待办项，主要使用v-model、v-on、v-for，并在methods中定义两个方法addTodo和removeTodo。

【例3-16】综合案例：管理待办项。

```
1.  <!DOCTYPE html>
2.  <html lang="en">
3.  <head>
4.      <meta charset="UTF-8">
5.      <title>hello,world!</title>
6.  </head>
7.  <body>
8.  <script src="lib/vue.js"></script>
9.
10. <div id="app-2">
11.     <input type="text" v-model="newTodo" v-on:keyup.enter="addTodo">
12.     <ul>
13.         <li v-for="(todo,index) in todos">
14.             {{ todo.text}} <button v-on:click="removeTodo(index);">X</button>
15.         </li>
16.     </ul>
17. </div>
18. <script>
19.     var app = new Vue({
20.         el: '#app-2',
21.         data: {
22.             newTodo: '',
23.             todos: [
24.                 {text: '买米'}
25.             ]
```

< 61 >

```
26.              },
27.              methods:{
28.                  addTodo: function(){
29.                      var text = this.newTodo.trim() ;
30.                      if(text){
31.                          this.todos.push({text:text}) ;
32.                      }
33.                      this.newTodo = "" ;
34.                  },
35.                  removeTodo: function(index){
36.                      this.todos.splice(index,1) ;
37.                  }
38.              }
39.      })
40. </script>
41. </body>
42. </html>
```

管理待办项的运行结果如图3-17所示。

此时在文本框中输入待办内容，按Enter键，内容会自动添加到列表中。

从服务器获取数据后，通常需要对数据进行处理，过滤部分数据。显示过滤结果用到的一个主要方法就是filter，如例3-17所示，代码运行后将只显示结果中编号为偶数的数据。

图 3-17　管理待办项

【例3-17】综合案例：数据过滤。

```
1.  <div id="app">
2.      <ul>
3.          <li v-for="item in filterArray">{{ item.n }}</li>
4.      </ul>
5.      <ul>
6.          <li v-for="item in even(array)">{{ item.n }}</li>
7.      </ul>
8.  </div>
9.  <script>
10.     new Vue({
11.         el:'#app',
12.         data: {
13.             array:[{n:1},{n:2},{n:3},{n:4},{n:5},{n:6}]
14.         },
15.         computed: {
16.             filterArray: function () {
17.                 return this.array.filter(function (item) {
18.                     return item.n % 2 === 0
19.                 })
20.             }
21.         },
22.         methods: {
23.             even: function (array) {
```

< 62 >

```
24.                    return array.filter(function (item) {
25.                        return item.n % 2 === 0
26.                    })
27.                }
28.            }
29.        })
30. </script>
```

例3-17运行后的结果如下所示。大家可以思考使用计算属性与methods的区别，在这样的情况下更适合使用哪个？

```
1.  1. 2
2.  2. 4
3.  3. 6
4.
5.  1. 2
6.  2. 4
7.  3. 6
```

有时需要显示排序过的数组，同时不实际修改或重置原始数据，则可以通过创建计算属性，返回排序过的数组。

【例3-18】综合案例：数据排序。

```
1.  <div id="app">
2.      <ul>
3.          <li v-for="item in arraySort">{{ item }}</li>
4.      </ul>
5.  </div>
6.  <script>
7.      new Vue({
8.          el:'#app',
9.          data: {
10                  a:[30170105,30170101,30170107,30170108]
11           },
12.      computed: {
13.          arraySort: function () {
14.              return this.a.sort();
15.          }
16.      },
17.
18.      })
19. </script>
```

例3-18运行后，按照顺序显示编号列表30170101、30170105、30170107、30170108。

本章小结

本章主要介绍了Vue指令，如v-if条件指令、v-for迭代指令、v-show指令通过display改变元素的显示和隐藏、v-text指令、v-html指令，以及使用v-bind指令绑定Vue实例上的动态的属性。本章也介绍了如何使用v-model指令在表单控件元素上创建双向数据绑定并同步数据，以及.lazy、

< 63 >

.number、.trim修饰符的作用及用法。最后的综合案例帮助读者巩固这些知识点。

习题

3-1　什么是Vue指令？

3-2　讲述v-if与v-show的区别。

3-3　使用数组表达式绑定class属性。

3-4　使用v-model绑定表单元素。

3-5　自己编写一个Vue实例实现任务的展示、添加、删除。

< 64 >

第 **4** 章 Vue事件处理

Vue事件处理可以用v-on指令监听DOM事件来触发JavaScript代码。方法事件处理器通过接收一个定义的方法来调用，内联事件处理器通过传递参数的事件来调用。事件修饰符可以阻止事件默认行为、事件冒泡等；按键修饰符监听键盘事件中的键值；修饰键开启鼠标或键盘事件监听，在键被按下时触发事件。

本章要点

- Vue事件处理器；
- 方法事件处理器；
- 内联事件处理器；
- 事件修饰符；
- 按键修饰符；
- 修饰键；
- 综合案例。

4.1 Vue事件处理器

Vue.js提供了事件处理机制，使用v-on指令监听DOM事件来触发 JavaScript代码。通常情况下需要编写监听事件、方法事件处理器、内联事件处理器。

Vue 事件处理器

4.1.1 监听事件

监听事件直接把事件写在v-on指令中。例4-1所示代码运行后，当单击"添加 乐美课堂"按钮时，将执行"count=count+'乐美课堂'"的JavaScript代码，即在p标签里追加"乐美课堂"。

【例4-1】监听事件。

```
1.  <div id="app">
2.      <button v-on:click="count =count + '乐美课堂'">添加 乐美课堂</button>
3.      <p>{{ count }}</p>
4.  </div>
```

```
5.  <script>
6.      var example1 = new Vue({
7.          el: '#app',
8.          data: {
9.              count: '乐美课堂'
10.         }
11.     })
12. </script>
```

运行结果如图4-1所示。

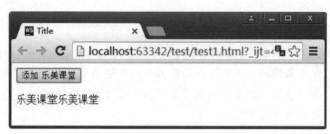

图 4-1 监听事件

4.1.2 方法事件处理器

在实际开发过程中事件处理的逻辑往往很复杂，这种情况下把JavaScript代码直接写在v-on指令中显然是不可行的。我们可以使用v-on接收定义的方法来调用方法事件处理器。例4-2所示为方法事件处理器。

【例4-2】方法事件处理器。

```
1.  <div id="app">
2.      <!-- 'greet' 是在下面定义的方法名 -->
3.      <button v-on:click="greet">Greet</button>
4.  </div>
5.  <script>
6.      var app = new Vue({
7.          el: '#app',
8.          data: {
9.              name: 'Vue.js'
10.         },
11.         //在methods对象中定义方法
12.         methods: {
13.             greet: function () {
14.                 //this在方法里指当前 Vue 实例，可以写成app.name
15.                 alert(this.name + '的方法被调用了! ')
16.             }
17.         }
18.     })
19. </script>
```

上面代码的第3行中，按钮绑定了greet事件处理器，当单击按钮时，将执行greet中的代码，弹出提示框，显示"Vue.js11的方法被调用了!"。运行结果如图4-2所示。

< 66 >

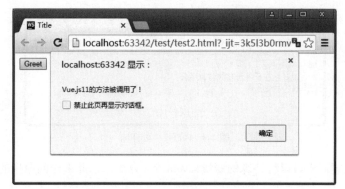

图 4-2　方法事件处理器

4.1.3　内联事件处理器

尽管上面已经定义了方法事件处理器，但如果需要传递参数，就需要内联JavaScript语句，这种事件处理器称为内联事件处理器。例4-3在按钮中调用me_say并传入了字符串"我在斤斗云在线教育平台"作为参数，把实参传给形参message，并赋值给me。

【例4-3】内联事件处理器。

```
1.  <div id="app">
2.      <button v-on:click="me_say('我在斤斗云在线教育平台')">本人</button>
3.      <button v-on:click="you_say('我也是啊')">对方</button>
4.      <br>本人说：{{ me }}
5.      <br>对方说：{{ you }}
6.  </div>

7.  <script>
8.      var app=new Vue({
9.          el: '#app',
10.         data:{
11.             me:'',
12.             you:''
13.         },
14.         methods: {
15.             me_say: function (message) {
16.                 app.me=message
17.             },
18.             you_say: function (message) {
19.                 app.you=message
20.             }
21.         }
22.     })
23. </script>
```

代码运行后，分别单击"本人"和"对方"按钮，将分别显示双方说的话，如图4-3所示。

< 67 >

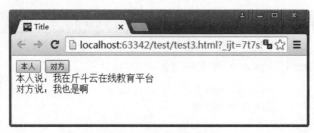

图 4-3 内联事件处理器

在内联事件处理器中可以将特殊的变量$event传入方法，以此来访问原生的DOM事件。

```
1.  <button v-on:click="funName('Vue.js', $event)"></button>
2.  ...
3.  methods: {
4.      funName: function (msg, event) {
5.          <!--现在我们可以访问原生事件对象-->
6.          event.preventDefault()
7.      }
8.  }
```

例4-4总结监听事件、方法事件处理器、内联事件处理器各自的使用方法，在示例中做对比，帮助读者理解。

【例4-4】Vue事件处理器。

```
1.  <!DOCTYPE html>
2.  <html lang="en">
3.  <head>
4.      <meta charset="UTF-8">
5.      <title>hello,world!</title>
6.  </head>
7.  <body>
8.  <script src="https://unpkg.com/vue/dist/vue.js"></script>
9.  <div id="app-2">
10.     <p>{{ message }}</p>
11.     <!-- 在v-on 指令中，通过指定Vue实例方法名来绑定一个事件监听器 -->
12.     <button v-on:click="reverseMessage">逆转消息</button>
13.     <!-- 在v-on 指令中，通过指定JavaScript语句来绑定一个事件监听器 -->
14.     <button v-on:click="message += ' ' +message">修改</button>
15.     <!-- 在v-on 指令中，也可以直接调用Vue实例方法，$event 变量为原生DOM事件对象-->
16.     <button v-on:click="greet($event);">welcome</button>
17.     <!-- 在事件属性中直接调用Vue实例方法-->
18.     <button onclick="app.greet(event);">welcome</button>
19. </div>
20.
21. <script>
22.     var app = new Vue({
23.         el: '#app-2',
24.         data: {
25.             message: 'Hello Vue.js!',
26.             name: 'nemo-tec.com'
27.         },
```

< 68 >

```
28.              // 在methods对象中定义方法
29.              methods: {
30.                  reverseMessage: function (event) {
31.                      // 方法内this指向 app,event是原生 DOM 事件
32.                      this.message = this.message.split('').reverse().join('');
33.                      alert(event.target.tagName)
34.                  },
35.                  greet: function (event) {
36.                      alert(this.message+" welcome to "+this.name) ;
37.                      alert(event.target.tagName)
38.                  }
39.              }
40.      })
41. </script>
42. </body>
43. </html>
```

　　运行例4-4后单击"逆转消息"按钮，消息逆序输出，如图4-4所示。其他按钮读者可以自己试试。

图 4-4　Vue 事件处理器

4.2　修饰符

　　本节介绍修饰符，修饰符可用于增加事件处理中一些细节功能。

4.2.1　事件修饰符

　　事件处理函数只是纯粹的数据逻辑，不处理事件细节，如阻止事件冒泡、事件默认行为，以及判断按键等。一般在执行事件处理时可调用 event.preventDefault()或event.stopPropagation()来阻止事件默认行为或事件冒泡，因此，Vue.js为v-on提供了事件修饰符，通过用点"."引出的指令后缀来调用。

　　示例如下。

```
1.   <!-- 阻止单击事件冒泡 -->
2.   <a v-on:click.stop="doThis"></a>
```

< 69 >

```
3.   <!-- 提交事件不再重载页面 -->
4.   <form v-on:submit.prevent="onSubmit"></form>
5.   <!-- 修饰符可以串联 -->
6.   <a v-on:click.stop.prevent="doThat"></a>
7.   <!-- 只有修饰符 -->
8.   <form v-on:submit.prevent></form>
9.   <!-- 添加事件监听器时使用事件捕获模式 -->
10.  <div v-on:click.capture="doThis">…</div>
11.  <!-- 只当事件在该元素本身（比如不是子元素）触发时触发回调 -->
12.  <div v-on:click.self="doThat">…</div>
```

Vue.js在最新版本中还新增了.once修饰符，它不像其他修饰符只能对原生的DOM事件起作用，也能被用到自定义的组件事件上（组件将在第5章讲解）。

```
1.   <!-- 单击事件将只触发一次 -->
2.   <a v-on:click.once="doThis"></a>
```

4.2.2 按键修饰符

在监听键盘事件的时候，我们常常需要监测一些常用的键值（keyCode）。为此，Vue 允许在监听键盘事件时为v-on添加按键修饰符，以此来接收表示键值的参数并进行判断。常用的按键修饰符如下。

① .enter。

② .tab。

③ .delete。

④ .esc。

⑤ .space。

⑥ .up。

⑦ .down。

⑧ .left。

⑨ .right。

```
1.   <input v-on:keyup.enter="submit">
2.   <!-- 缩写语法 -->
3.   <input @keyup.enter="submit">
```

上面代码中，v-on指令绑定Enter键事件，按键后执行submit函数事件。绑定其他键事件只要替换相应按键修饰符就可以了。按键修饰符也可以直接采用键值，例如，.enter也可以写为.13。

还可以通过全局config.keyCodes对象自定义按键修饰符。

```
1.   // 可以使用 v-on:keyup.f1
2.       Vue.config.keyCodes.f1 = 112
```

为了让读者更好地理解修饰符，下面把常用的修饰符放到例4-5中供读者学习。

【例4-5】Vue修饰符。

```
1.   <!DOCTYPE html>
```

< 70 >

```
2.   <html lang="en">
3.   <head>
4.       <meta charset="UTF-8">
5.       <title>hello,world!</title>
6.   </head>
7.   <body>
8.   <script src="../js/vue.js"></script>
9.
10.  <div id="app-2">
11.      <p>{{ message }}</p>
```
12.　　　　<!-- v-on 指令，它用于监听 DOM 事件，参数是被监听的事件的名字。修饰符是以 "." 开始的特殊后缀，用于表示指令应当以特殊方式绑定。例如，.prevent 修饰符告诉 v-on 指令事件触发时调用 event.preventDefault(): -->
```
13.      <!-- the click event's propagation will be stopped -->
14.      <div v-on:click.capture="doThat">
15.          <a href="http://www.baidu.com/" v-on:click.prevent="doThis">点击到
```
百度网站</a>
```
16.      </div>
17.      <!-- click 事件默认的页面跳转动作会被阻止 -->
18.      <a href="http://www.baidu.com/" v-on:click.prevent="doThis">点击到百度网站</a>
19.      <!-- the submit event will no longer reload the page -->
20.      <!-- submit 事件不再会刷新页面 -->
21.      <form v-on:submit.prevent="onSubmit"></form>
22.      <!-- modifiers can be chained -->
23.      <!-- 修饰符可以链式使用 -->
24.      <a v-on:click.stop.prevent="doThat"></a>
25.      <!-- just the modifier -->
26.      <!-- 单独使用修饰符 -->
27.      <form v-on:submit.prevent></form>
28.      <!-- use capture mode when adding the event listener -->
29.      <!-- 在添加事件监听器时使用 capture 模式 -->
30.      <div v-on:click.capture="doThis">…</div>
31.      <!-- only trigger handler if event.target is the element itself -->
32.      <!-- i.e. not from a child element -->
33.      <!-- 只有当 event.taget 是元素本身时，才调用事件处理器 -->
34.      <!-- 如果 event.target 是一个子元素，那么 doThat 就不会被调用 -->
35.      <div v-on:click.self="doThat">…</div>
36.      <!-- only call vm.submit() when the keyCode is 13 -->
37.      <!-- 只在键值为 13 时调用 vm.submit() -->
38.      <input v-on:keyup.13="submit">
39.      <!-- same as above -->
40.      <!-- 跟上一段示例代码效果一样 -->
41.      <input v-on:keyup.enter="submit">
42.      <!-- also works for shorthand -->
43.      <!-- 缩写也没问题 -->
44.      <input @keyup.enter="submit">
45.  </div>
46.
47.  <script>
48.      var app = new Vue({
49.          el: '#app-2',
50.          data: {
51.              message: 'Hello Vue.js!',
```

< 71 >

```
52.              name:nemo-tec.com
53.          },
54.          // 在methods对象中定义方法
55.          methods: {
56.              doThis: function(){
57.                  alert("鼠标单击事件发生了! ")
58.              },
59.              doThat: function(){
60.                  alert("父元素单击事件发生了! ")
61.              }
62.          }
63.      })
64. </script>
65. </body>
66. </html>
```

例4-5列举了使用各种修饰符的代码，读者可以自己试一试。下面再结合登录页面，演示按Enter键就可以提交表单的操作，主要用到v-on:keyup.enter，代码如例4-6所示。

【例4-6】登录页面，演示按键事件处理。

```
1.  <!DOCTYPE html>
2.  <html lang="en">
3.  <head>
4.      <meta charset="UTF-8">
5.      <title>hello,world!</title>
6.  </head>
7.  <body>
8.  <script src="../js/vue.js"></script>
9.  <h1>登录页面, 演示按键事件处理</h1>
10.
11. <div id="app-2">
12.      <p>{{ message }}</p>
13.      <label for="name">账户</label>
14.      <input type="text" v-model="name" id="name">
15.      <label for="password">密码</label>
16.      <input type="text" id="password" v-model="password" v-on:keyup.enter=
    "doSubmit">
17.      <input type="submit" v-on:click="doSubmit">
18. </div>
19.
20. <script>
21.      var app = new Vue({
22.          el: '#app-2',
23.          data: {
24.              message: '斤斗云学堂',
25.              name: 'nemo-tec.com',
26.              password: ''
27.          },
28.          // 在methods对象中定义方法
29.          methods: {
30.              doSubmit: function () {
31.                  alert("提交数据! "+this.name+" 密码: "+this.password)
```

<72>

```
32.               }
33.          }
34.      })
35. </script>
36. </body>
37. </html>
```

例4-6的运行结果如图4-5所示。输入信息，单击"提交"按钮或者直接按Enter键，将执行doSubmit。处理事件获取数据如图4-6所示。

图 4-5　登录页面

图 4-6　处理事件获取数据

4.2.3　修饰键修饰符

Vue在2.1.0版本中增加了一些修饰键修饰符。通过这些修饰符可实现仅在按住相应按键时才触发鼠标或键盘事件监听器。修饰键修饰符如下。

① .ctrl。

② .alt。

③ .shift。

④ .meta。

用法示例如下。

```
1.  <!-- Ctrl + A -->
2.  <input @keyup.ctrl.65="clear">
```

修饰键与普通的按键不同，修饰键和keyup事件一起用时，要引发事件必须先按下普通按键。换一种说法：要引发keyup.ctrl，必须在按住Ctrl键时释放其他按键，而释放Ctrl键不会引发该事件。Vue在2.1.0版本中还增加了以下修饰鼠标按键的修饰键修饰符，它们会限制处理程序监听特定的鼠标按键。

① .left。

② .right。

③ .middle。

4.3　综合案例

以上我们学习了Vue事件处理，下面通过一个综合案例来总结事件的基本使用方法。例4-7所

< 73 >

示的案例给按钮、下拉列表、输入框及表单添加了事件处理，以实现注册账户时的信息处理，如
是否同意本站协议的事件处理等。

【例4-7】综合案例：事件处理。

```
1.   <!doctype html>
2.   <html>
3.    <head>
4.     <meta charset="UTF-8">
5.     <title>事件绑定</title>
6.        <script src="../js/vue.js"></script>
7.    </head>
8.    <body>
9.     <div id="container">
10.          <p>{{msg}}</p>
11.          <button v-on:click="handleClick">单击按钮</button>
12.          <button @click="handleClick">单击按钮</button>
13.          <h5>选择爱好</h5>
14.          <select v-on:change="handleChange">
15.              <option value="red">瑜伽</option>
16.              <option value="green">跑步</option>
17.              <option value="pink">读书</option>
18.          </select>
19.          <h5>表单提交</h5>
20.          <form v-on:submit.prevent="handleSubmit">
21.              <input type="checkbox"  v-on:click="handleDisabled"/>
22.              是否同意本站协议
23.              <br><br>
24.              <button :disabled="isDisabled">提交</button>
25.          </form>
26.      </div>
27.      <script>
28.          new Vue({
29.              el:"#container",
30.              data:{
31.                  msg:"注册账户",
32.                  isDisabled:true
33.              },
34.              //methods对象
35.              methods:{
36.                  //通过methods来定义需要的方法
37.                  handleClick:function(){
38.                      console.log("btn is clicked");
39.                  },
40.                  handleChange:function(event){
41.                      console.log("选择了某选项"+event.target.value);
42.                  },
43.                  handleSubmit:function(){
44.                      console.log("触发事件");
45.                  },
46.                  handleDisabled:function(event){
47.                      console.log(event.target.checked);
48.                      if(event.target.checked==true){
```

< 74 >

```
49.                          this.isDisabled =  false;
50.                      }
51.                      else {
52.                          this.isDisabled =  true;
53.                      }
54.                  }
55.              }
56.          })
57.      </script>
58. </body>
59. </html>
```

运行例4-7后用户会发现在开始时"提交"按钮是禁用的，如图4-7所示。在单击勾选复选框后，"提交"按钮才可以使用，如图4-8所示。如果在"选择爱好"中选择"瑜伽"，handleChange函数会输出该选项的值。

图 4-7　"提交"按钮禁用

图 4-8　勾选复选框后"提交"按钮可用

本章小结

本章主要介绍了Vue中的事件处理方法，要求读者学习之后能够灵活编写事件监听的代码，了解事件修饰符和按键修饰符在事件调用时的作用以及如何加以使用。

习题

4-1　简单叙述Vue事件处理机制。

4-2　编写一个实现阻止事件冒泡的实例。

4-3　编写一个使用修饰键的实例。

4-4　编写一个程序实现按方向键（通过.up、.down、.left、.right）操作图片上、下、左、右移动。

< 75 >

第5章 Vue组件

本章主要讲解如何定义并使用组件，组件嵌套需要注意的问题，组件间如何通信，包括父子组件通信、子父组件通信、平行组件通信，以及如何自定义组件。Vue组件开源项目非常多，感兴趣的读者可以到开源社区下载。

本章要点

- 组件的基本使用；
- Vue组件嵌套；
- 父组件向子组件通信；
- 子组件向父组件通信；
- 任意组件及平行组件通信；
- 创建组件并发布。

5.1 组件的基本概念

Vue目前已经有非常多的开源项目，资源非常丰富，这也是开源社区的强大之处。开源社区有很多Vue WebUI组件库，开发者使用起来很方便。例如，iView就是一套基于Vue.js的高质量的UI组件库，可以用其快捷地开发前端界面。

组件的概念

5.1.1 什么是组件

组件是Vue.js最强大的功能之一。组件可以扩展HTML元素，封装可重用的代码。从较高层面来说，组件是自定义元素，Vue.js的编译器为它添加特殊功能。有些情况下，组件也可以是原生HTML元素的形式，以JavaScript特性扩展。

在大型应用中，为了分工、代码复用，不可避免地需要将应用抽象为多个相对独立的模块。在较为传统的开发模式中，只有在考虑复用时才会将某一部分做成组件。但实际上，应用类UI完全可以看作由组件树构成，如图5-1所示。

按照图5-1自定义一个简单的myheader组件，代码如例5-1所示。

【例5-1】体验自定义组件。

```
1.  <!DOCTYPE html>
2.    <html>
3.          <meta charset="UTF-8">
4.          <title>组件系统</title>
5.    <body>
6.      <div id="app">
7.            <!-- 3. #app是Vue实例挂载的元素，应该在挂载范围内使用组件-->
8.            <my-component></my-component>
9.      </div>
10.   </body>
11.   <script src="js/vue.js"></script>
12.   <script>
13.        // 1.创建一个组件构造器
14.        var myComponent = Vue.extend({
15.            template: '<div>欢迎来到斤斗云在线教育云平台</div>'
16.        })
17.        // 2.注册组件，并指定组件的标签，组件的HTML标签为<my-component>
18.        Vue.component('my-component', myComponent);
19.        new Vue({
20.            el: '#app'
21.        });
22.   </script>
23.   </html>
```

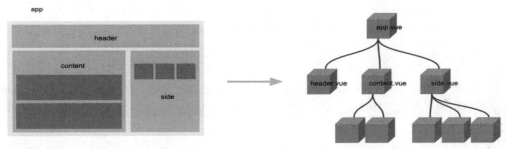

图 5-1　组件树

　　以上代码首先创建一个组件构造器；其次注册组件，并指定组件的标签，组件的HTML标签为<my-component>；最后在Vue挂载范围内使用组件。这样就自定义了一个类似HTML标签的Vue组件，如图5-2所示。

　　在浏览器控制台观察代码，读者可以发现组件已经渲染到界面中，如图5-3所示。一个界面可以由多个组件构成，如myheader、myslider、mycontent、myfooter等。

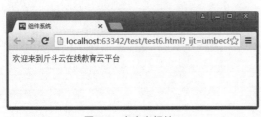

图 5-2　自定义组件

图 5-3　渲染后的组件内容

< 77 >

5.1.2 组件使用方法

在5.1.1节中读者体验了组件的自定义，不难发现，Vue.js组件的自定义有3个步骤。图5-4所示为组件的创建与使用过程，具体步骤如下。

（1）调用Vue.extend方法创建组件构造器。

```
1. var MyComponent = Vue.extend({
2.     // 选项
3. })
```

（2）调用Vue.component方法注册组件。

```
Vue.component('my-component', MyComponent)
```

（3）在Vue实例的作用范围内使用组件。

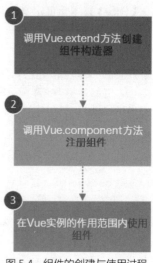

图 5-4 组件的创建与使用过程

```
1. <div id="app">
2.     <my-component></my-component>
3. </div>
```

有时为了简便我们会将步骤（1）和步骤（2）合并，修改例5-1代码如下。

```
1. <script>
2.     Vue.component('my-component', {
3.         template: '<div>欢迎来到斤斗云在线教育云平台</div>'
4.     });
5. </script>
```

Vue.component的第1个参数是标签名称，第2个参数是选项对象，使用选项对象的template属性定义组件模板。使用这种方式，Vue会在背后自动调用Vue.extend。也可以使用template标签，具体程序如下。

```
1.  <!DOCTYPE html>
2.  <html>
3.      <head>
4.          <meta charset="UTF-8">
5.          <title>使用template标签 </title>
6.      </head>
7.      <body>
8.          <div id="app">
9.              <my-component></my-component>
10.         </div>
11.
12.         <template id="myComponent">
13.             <div>This is a component!</div>
14.         </template>
15.     </body>
16.     <script src="js/vue.js"></script>
17.     <script>
```

< 78 >

```
18.
19.          Vue.component('my-component',{
20.              template: '#myComponent'
21.          })
22.
23.          new Vue({
24.              el: '#app'
25.          })
26.
27.      </script>
28. </html>
```

在理解了组件的创建和注册过程后，我们可以在HTML文档中使用template标签来定义组件的HTML模板，如例5-2所示。这使得HTML代码和JavaScript代码是分离的，便于阅读和维护。

【例5-2】自定义组件。

```
1.  <!DOCTYPE html>
2.  <html lang="en">
3.  <head>
4.      <meta charset="UTF-8">
5.      <title>hello,world!</title>
6.  </head>
7.  <body>
8.  <script src="../js/vue.js"></script>
9.  <div id="app">
10.     <ol>
11.         <!-- 创建一个 todo-item 组件的实例 -->
12.         <todo-item ref="t1"></todo-item>
13.         <todo-item ref="t2"></todo-item>
14.         <todo-item ref="t3"></todo-item>
15.     </ol>
16. </div>
17. <script>
18.     // 定义名为 todo-item 的新组件，组件实质上是对一个HTML片段的抽象
19.     Vue.component('todo-item', {
20.         template: `
21.             <div>
22.                 <li>这是个待办项</li>
23.                 <p>代办人: {{name}}，代办详情: {{memo}}</p>
24.             </div>`,
25.         data: function(){
26.             var data = {
27.                 name: "李四",
28.                 memo: "办理大学毕业证"
29.             }
30.             return data ;
31.         }
32.     })
33.     /*
34.      * new Vue() 此代码必须有，否则DOM元素无法通过Vue进行渲染操作和捆绑
35.      */
36.     var app = new Vue({
```

< 79 >

```
37.             el: '#app'
38.         })
39. </script>
40. </body>
41. </html>
```

当使用DOM作为模板（例如，将el选项挂载到一个已存在的元素上）时，操作会受到HTML的一些限制，因为Vue只有在浏览器进行HTML解析和标准化处理后才能获取模板内容。尤其是，元素ul、ol、table、select限制了能被它包裹的元素，而像option这样的元素只能出现在其他某些元素内部。下面通过例5-3来说明Vue依赖浏览器的HTML解析和标准化处理。

【例5-3】Vue依赖浏览器的HTML解析和标准化处理。

```
1.  <!DOCTYPE html>
2.  <html lang="en">
3.  <head>
4.      <meta charset="UTF-8">
5.      <title>hello,world!</title>
6.  </head>
7.  <body>
8.  <script src="../js/vue.js"></script>
9.
10. <div id="app">
11.     <h2>Vue依赖浏览器的HTML解析和标准化处理</h2>
12.     <p>当使用DOM作为模板（例如，将 el 选项挂载到一个已存在的元素上）时，操作会受到HTML的一些限制，因为Vue只有在浏览器进行HTML解析和标准化处理后才能获取模板内容。尤其是，元素ul、ol、table、select 限制了能被它包裹的元素，而像 option 这样的元素只能出现在其他某些元素内部。</p>
13.     <h3>错误的做法</h3>
14.     <table border="1">
15.         <tr><th>表格标题</th></tr>
16.         <my-row></my-row>
17.     </table>
18.     <h3>正确的做法</h3>
19.     <table border="1">
20.         <tr><th>表格标题</th></tr>
21.         <tr is="my-row"><tr>
22.     </table>
23. </div>
24. <script>
25.     Vue.component('my-row', {
26.         template: '<tr>这是个自定义组件</tr>'
27.     })
28. //  初始化根实例
29.     var app = new Vue({
30.         el: '#app'
31.     })
32. </script>
33. </body>
34. </html>
```

例5-3对比了正确的做法与错误的做法，运行结果如图5-5所示。

< 80 >

Vue依赖浏览器的HTML解析和标准化处理

当使用DOM作为模板（例如，将el选项挂载到一个已存在的元素上）时，操作会受到HTML的一些限制，因为Vue只有在浏览器进行HTML解析和标准化处理后才能获取模板内容。尤其是，元素ul、ol、table、select限制了能被它包裹的元素，而像option这样的元素只能出现在某些其他元素内部。

错误的做法

这是个自定义组件

表格标题

正确的做法

表格标题

这是个自定义组件

图 5-5　Vue 依赖浏览器的 HTML 解析和标准化处理

根据需求的不同和作用域的不同，组件的注册有两种方式：全局组件和局部组件。我们可以在页面上定义全局组件，页面上的任何Vue实例都可使用；而局部组件是和具体的Vue实例相关的，只能在相应Vue实例里使用。下面通过例5-4介绍组件的作用域。

【例5-4】组件的作用域。

```
1.  <!DOCTYPE html>
2.  <html lang="en">
3.  <head>
4.      <meta charset="UTF-8">
5.      <title>hello,world!</title>
6.  </head>
7.  <body>
8.  <script src="../js/vue.js"></script>
9.  <div id="app">
10.     <h2>全局注册的组件，能在每个实例中使用</h2>
11.     <global-component></global-component>
12.     <h2>局部注册的组件，只能在相应实例中使用</h2>
13.     <my-component></my-component>
14. </div>
15. <div id="app-other">
16.     <h2>全局注册的组件，能在每个实例中使用</h2>
17.     <global-component></global-component>
18.     <h2>局部注册的组件，无法用在其他实例中</h2>
19.     <my-component></my-component>
20. </div>
21. <script>
22.     Vue.component('global-component', {
23.         template: '<b>这是个全局组件</b>'
24.     })
25.
```

< 81 >

```
26.        var Child = {
27.            template: '<div>A local custom component!</div>'
28.        }
29. //   初始化根实例
30.        var app = new Vue({
31.            el: '#app',
32.            components: {
33.                // 局部注册，my-component是标签名称，<my-component>只在父模板可用
34.                'my-component': Child
35.            }
36.        })
37.        var appOther = new Vue({
38.            el: '#app-other'
39.        })
40. </script>
41. </body>
42. </html>
```

浏览器渲染后的HTML代码效果如图5-6所示。

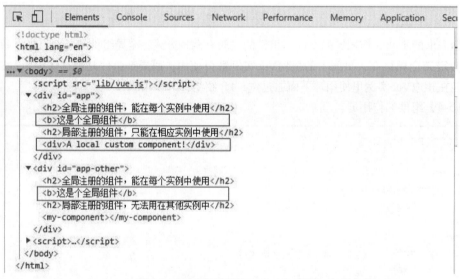

图 5-6 浏览器渲染后的 HTML 代码效果

5.1.3 组件中的data必须是函数

为什么Vue组件中data选项必须是函数？因为组件可以在多处复用，如果data是对象，那么所有复用的组件实例将都显示相同内容，如此就失去了组件复用的意义。构造Vue实例时传入的各种选项大都可以在组件里使用，只有一个例外：data。data必须是函数，我们可以观察以下代码。

```
1.  <!DOCTYPE html>
2.  <html>
3.  <meta charset="UTF-8">
4.  <title>组件系统</title>
5.  <body>
6.  <script src="../js/vue.js"></script>
```

< 82 >

```
7.   <div id="app">
8.        <my-component></my-component>
9.   </div>
10.  <script>
11.       Vue.component('my-component', {
12.            template: '<div>{{ msg }}</div>',
13.            data: {
14.                 msg: 'Vue.js'
15.            }
16.       })
17.       new Vue({
18.            el: '#app'
19.       })
20.  </script>
21.  </body>
22.  </html>
```

　　上述代码运行后，Vue会停止运行，并在浏览器控制台发出警告，如图5-7所示，提示组件实例中 data 必须是函数。

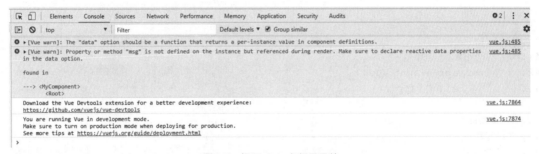

图 5-7　提示 data 必须是函数

　　按照上面的提示，把代码重写，如例5-5所示。此处编写一个正确的实例与一个错误的实例做对比，以方便读者理解error-counter与right-counter组件。其中，right-counter组件返回局部变量的值。

　　【例5-5】组件中的data必须是函数。

```
1.   <!DOCTYPE html>
2.   <html lang="en">
3.   <head>
4.        <meta charset="UTF-8">
5.        <title>hello,world!</title>
6.   </head>
7.   <body>
8.   <script src="../js/vue.js"></script>
9.   <h1>组件声明中, data必须是 <b>函数</b></h1>
10.  <div id="app">
11.       <h2>错误用法：data不是函数时</h2>
12.       <error-counter></error-counter>
13.       <error-counter></error-counter>
14.       <error-counter></error-counter>
15.       <h2>正确用法：data是函数时</h2>
16.       <right-counter></right-counter>
17.       <right-counter></right-counter>
```

< 83 >

```
18.        <right-counter></right-counter>
19. </div>
20. <script>
21.        var data = {
22.            counter: 0
23.        }
24.        Vue.component('error-counter', {
25.            template: '<button v-on:click="counter += 1">{{ counter }}</button>',
26.            // 在技术上 data 的确是一个函数了，因此 Vue 不会警告
27.            // 但是返回给每个组件的实例却引用了同一个data对象
28.            data: function(){
29.                return data ;
30.            }
31.        })
32.        Vue.component('right-counter', {
33.            template: '<button v-on:click="counter += 1">{{ counter }}</button>',
34.            //返回局部counter
35.            data: function(){
36.                return {
37.                    counter: 0
38.                }
39.            }
40.        })
41. //    初始化根实例
42.        var app = new Vue({
43.            el: '#app'
44.        })
45. </script>
46. </body>
47. </html>
```

在new Vue()的实例中，data可以是对象，但是在组件component中，data只能是函数。

```
1.  Vue.component('right-counter', {
2.          template: '<button v-on:click="counter += 1">{{ counter }}</button>',
3.          //返回局部counter
4.          data: function(){
5.              return {
6.                  counter: 0
7.              }
8.          }
9.      })
```

5.2　Vue组件嵌套

　　Vue两大核心思想分别是组件化和数据驱动。组件化就是将一个整体合理拆分为各个小块（组件），组件可重复使用；数据驱动是前端的未来发展方向，其释放了对DOM的操作，让DOM随着数据的变化自然而然地变化，让用户不用过

Vue 组件嵌套

< 84 >

多地关注DOM，只需要将数据组织好。

5.2.1　组件嵌套

组件本身也可以包含组件，这种情况称为组件嵌套。下面代码中的Parent组件就包含一个名为child-component的组件，但这个组件只能被Parent组件使用。

```
1.   var Child = Vue.extend({
2.       template: '<div>我是子组件!</div>'
3.   });
4.   var Parent = Vue.extend({
5.       template: '<div>我是父组件 <child-component></child-component></div>',
6.       components: {
7.           'child-component': Child
8.       }
9.   });
10.  Vue.component("parent-component", Parent);
```

需要注意的是，从Vue 2.0开始，每个组件必须只有一个根元素。child-component要写在div标签内，如果写成如下格式，浏览器控制台就会报错，如图5-8所示。

```
template: '<div>我是父组件</div> <child-component></child-component>'
```

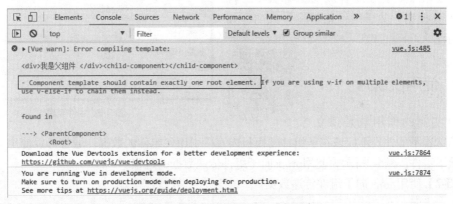

图 5-8　每个组件必须只有一个根元素

下面通过例5-6来演示组件嵌套。

【例5-6】组件嵌套。

```
1.   <!DOCTYPE html>
2.   <html>
3.       <body>
4.           <div id="app">
5.               <parent-component>
6.               </parent-component>
7.           </div>
8.       </body>
9.       <script src="../js/vue.js"></script>
10.      <script>
```

< 85 >

```
11.          //子组件构造器
12.          var Child = Vue.extend({
13.              template: '<p>我是子组件!</p>'
14.          })
15.          //父组件构造器
16.          var Parent = Vue.extend({
17.              // 在Parent组件内使用child-component标签
18.              template: '<div>我是父组件 <child-component></child-component></div>',
19.
20.              //引用子组件
21.              components: {
22.                  // 局部注册Child组件，该组件只能在Parent组件内使用
23.                  'child-component': Child
24.              }
25.          })
26.          // 全局注册Parent组件
27.          Vue.component('parent-component', Parent)
28.          new Vue({
29.              el: '#app'
30.          })
31.      </script>
32. </html>
```

将例5-6演示的组件嵌套修改为每个组件只有一个根元素，把子组件放到div标签中，再次运行没有报错，父子组件正常渲染成功，如图5-9所示。

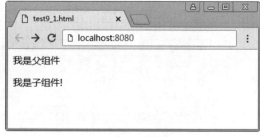

图 5-9　组件嵌套

5.2.2　使用props

组件实例的作用域是孤立的，这意味着不能并且不应该在子组件的模板内直接引用父组件的数据。通常可以使用 props 把数据传给子组件。例5-7所示为使用props向子组件传递数据的过程。

【例5-7】使用props向子组件传递数据。

```
1.  <!DOCTYPE html>
2.  <html lang="en">
3.  <head>
4.      <meta charset="UTF-8">
5.      <title>hello,world!</title>
6.  </head>
7.  <body>
8.  <script src="../js/vue.js"></script>
9.  <h1>使用 props 向子组件传递数据</h1>
10. <div id="app-7">
11.     <child message="hello!" ref="child1"></child>
12. props</div>
13. <script>
14.     Vue.component('child', {
15.         // 声明 props
```

< 86 >

```
16.              // 就像 data 一样, props 可以用在模板内
17.              props: ['message'],
18.              template: '<span>{{ message }}</span>'
19.          })
20. //   初始化根实例
21.      var app7 = new Vue({
22.          el: '#app-7'
23.      })
24. </script>
25. </body>
26. </html>
```

代码中使用props: ['message']把message="hello!"的值传给template中的span标签。

命名约定：对props声明的属性来说，在父级HTML模板中，属性名需要使用半字线写法。

下面的代码定义了一个子组件my-component，在Vue实例中定义了data选项。

```
1.  var vm = new Vue({
2.      el: '#app',
3.      data: {
4.          name: 'wenxin',
5.          age: 26
6.      },
7.      components: {
8.          'my-component': {
9.              template: '#myComponent',
10.             props: ['myName', 'myAge']
11.         }
12.     }
13. })
```

为了便于理解，读者可以将这个Vue实例看作my-component的父组件。如果用户想使用父组件的数据，则必须先在子组件中定义props属性，也就是编写props: ['myName', 'myAge']这行代码。

将父组件数据通过已定义好的props属性传递给子组件的代码如下。

```
1.  <div id="app">
2.      <my-component v-bind:my-name="name" v-bind:my-age="age"></my-component>
3.  </div>
```

需要注意的是，此代码在子组件中定义props时，使用了camelCase命名法。由于HTML的特性不区分大小写，camelCase的props用于特性时，需要转换为 kebab-case（用半字线隔开）。例如，在props中定义的myName，在用作特性时需要转换为my-name。在父组件中使用子组件时，应通过以下语法将数据传递给子组件。

```
<child-component v-bind:子组件属性="父组件数据属性"></child-component>
```

定义子组件的HTML模板如下。

```
1.  <template id="myComponent">
2.      <table>
```

< 87 >

```
3.              <tr>
4.                  <th colspan="2">
5.                      子组件数据
6.                  </th>
7.              </tr>
8.              <tr>
9.                  <td>my name</td>
10.                 <td>{{ myName }}</td>
11.             </tr>
12.             <tr>
13.                 <td>my age</td>
14.                 <td>{{ myAge }}</td>
15.             </tr>
16.         </table>
17. </template>
```

完整示例代码见例5-8。

【例5-8】命名约定。

```
1.  <!DOCTYPE html>
2.  <html>
3.      <head>
4.          <meta charset="UTF-8">
5.          <title>使用porps</title>
6.          <style type="text/css">
7.                      * {
8.                          margin: 0;
9.                          padding: 0;
10.                         box-sizing: border-box
11.                     }
12.                     html {
13.                         font-size: 12px;
14.                         font-family: Ubuntu, simHei, sans-serif;
15.                         font-weight: 400
16.                     }
17.                     body {
18.                         font-size: 1rem
19.                     }
20.                     table,
21.                     td,
22.                     th {
23.                         border-collapse: collapse;
24.                         border-spacing: 0
25.                     }
26.                     table {
27.                         width: 100%;
28.                         margin: 20px;
29.                     }
30.                     td,
31.                     th {
32.                         border: 1px solid #bcbcbc;
33.                         padding: 5px 10px
```

< 88 >

```
34.                        }
35.                        th {
36.                                background: #42b983;
37.                                font-size: 1.2rem;
38.                                font-weight: 400;
39.                                color: #fff;
40.                                cursor: pointer
41.                        }
42.                        tr:nth-of-type(odd) {
43.                                background: #fff
44.                        }
45.                        tr:nth-of-type(even) {
46.                                background: #eee
47.                        }
48.                        fieldset {
49.                                border: 1px solid #BCBCBC;
50.                                padding: 15px;
51.                        }
52.                        input {
53.                                outline: none
54.                        }
55.                        input[type=text] {
56.                                border: 1px solid #ccc;
57.                                padding: .5rem .3rem;
58.                        }
59.                        input[type=text]:focus {
60.                                border-color: #42b983;
61.                        }
62.                        button {
63.                                outline: none;
64.                                padding: 5px 8px;
65.                                color: #fff;
66.                                border: 1px solid #BCBCBC;
67.                                border-radius: 3px;
68.                                background-color: #009A61;
69.                                cursor: pointer;
70.                        }
71.                        button:hover{
72.                                opacity: 0.8;
73.                        }
74.                        #app {
75.                                margin: 0 auto;
76.                                max-width: 480px;
77.                        }
78.                        #searchBar{
79.                                margin: 10px;
80.                                padding-left: 20px;
81.                        }
82.                        #searchBar input[type=text]{
83.                                width: 80%;
84.                        }
85.                        .arrow {
```

< 89 >

```
86.                          display: inline-block;
87.                          vertical-align: middle;
88.                          width: 0;
89.                          height: 0;
90.                          margin-left: 5px;
91.                          opacity: 0.66;
92.                   }
93.               .arrow.asc {
94.                      border-left: 4px solid transparent;
95.                      border-right: 4px solid transparent;
96.                      border-bottom: 4px solid #fff;
97.               }
98.               .arrow.dsc {
99.                      border-left: 4px solid transparent;
100.                     border-right: 4px solid transparent;
101.                     border-top: 4px solid #fff;
102.              }
103.        </style>
104.    </head>
105.    <body>
106.        <div id="app">
107.            <my-component v-bind:my-name="name" v-bind:my-age="age"></my-
component>
108.        </div>
109.        <template id="myComponent">
110.            <table>
111.                <tr>
112.                    <th colspan="2">
113.                                     子组件数据
114.                    </th>
115.                </tr>
116.                <tr>
117.                        <td>my name</td>
118.                        <td>{{ myName }}</td>
119.                </tr>
120.                <tr>
121.                        <td>my age</td>
122.                        <td>{{ myAge }}</td>
123.                </tr>
124.            </table>
125.        </template>
126.    </body>
127.    <script src="../js/Vue.js"></script>
128.    <script>
129.        var vm = new Vue({
130.            el: '#app',
131.            data: {
132.                    name: 'keepfool',
133.                    age: 28
134.            },
135.            components: {
```

< 90 >

```
136.                        'my-component': {
137.                              template: '#myComponent',
138.                              props: ['myName', 'myAge']
139.                        }
140.                  }
141.            })
142.      </script>
143. </html>
```

例5-8演示了命名约定，读者可以编写代码进行测试。

使用props把数据传给子组件还有一种形式，也就是当v-bind绑定HTML的特性到一个表达式时，可以用v-bind动态绑定props的值到父组件的数据中。每当父组件的数据变化时，该变化也会传导给子组件，使用props向组件动态传递数据。下面通过例5-9说明此形式。

【例5-9】使用props向子组件动态传递数据。

```
1.  <!DOCTYPE html>
2.  <html lang="en">
3.  <head>
4.      <meta charset="UTF-8">
5.      <title>hello,world!</title>
6.  </head>
7.  <body>
8.  <script src="../js/vue.js"></script>
9.  <h1>使用 props 向子组件动态传递数据</h1>
10. <div id="app-7">
11.     输入信息: <input type="text" v-model="msg">
12.     <child v-bind:message="msg" v-bind:name="person" ref="child1"></child>
13. </div>
14.
15. <script>
16.     Vue.component('child', {
17.         // 声明 props
18.         // 就像 data 一样, props 可以用在模板内
19.         props: ['message','name'],
20.         template: '<span>{{ message }} 发送者: {{name}}</span>'
21.     })
22.
23. //  初始化根实例
24.     var app7 = new Vue({
25.         el: '#app-7',
26.         data: {
27.             msg: 'hello',
28.             person: '乐美无限'
29.         }
30.     })
31. </script>
32. </body>
33. </html>
```

代码运行后，在文本框中输入消息，子组件将获取动态传递的数据，结果如图5-10所示。

< 91 >

props验证也可以进行预先检查，就像在函数调用之前检查函数参数类型一样。有这样的情况存在：在使用组件时，用户对组件要接收什么样的参数并不是很清楚，因此传入的参数可能会在子组件开发人员的意料之外，导致程序发生错误。例5-10所示为props验证。

图 5-10　使用 props 向子组件动态传递数据

【例5-10】props验证。

```
1.  <!DOCTYPE html>
2.  <html>
3.  <head>
4.      <meta charset="utf-8">
5.      <title>props验证</title>
6.  </head>
7.  <body>
8.      <div id="app">
9.          <child v-bind:message="message"></child>
10.     </div>
11. <script type="text/javascript" src="../js/vue.js"></script>
12. <script type="text/javascript">
13.     var child = {
14.         props: {
15.             message: Number
16.         },
17.         template: '<div> {{ message }} </div>'
18.     };
19.
20.     var vm = new Vue({
21.         components: {
22.             'child': child
23.         },
24.         el: '#app',
25.         data: {
26.             message: 123
27.         }
28.     });
29. </script>
30. </body>
31. </html>
```

运行例5-10的代码，将在页面上渲染出message的值。这时候修改代码中的message为"123"，再看看结果如何，可发现浏览器控制台报错，提示不是有效的属性，如图5-11所示。

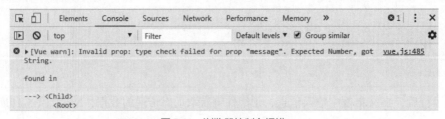

图 5-11　浏览器控制台报错

< 92 >

因为在程序中已经使用了props验证，要求message的值的类型是Number。

```
props: {
        message: Number
}
```

接收多个类型：当参数可以是多种类型之一时，使用数组来表示。修改代码如下。

```
props: {
        message: [Number, String]
}
```

再次运行程序，没有报错。能够指定的类型有String、Number、Boolean、Function、Object、Array、Symbol，也可以使用required选项来声明参数是否必须传入。

```
props: {
        message: {
            type: [Number,String],
            required: true
        }
}
```

常用的几种情况总结如下。

```
1.    props: {
2.        // propA只接收数值类型的参数
3.        propA: Number,
4.        // propB可以接收字符串和数值类型的参数
5.        propB: [String, Number],
6.        // propC可以接收字符串类型的参数，并且这个参数必须传入
7.        propC: {
8.            type: String,
9.            required: true
10.       },
11.       // propD接收数值类型的参数，如果不传入，默认是100
12.       propD: {
13.           type: Number,
14.           default: 100
15.       },
16.       // propE接收对象类型的参数
17.       propE: {
18.           type: Object,
19.           // 当为对象类型设置默认值时必须使用函数返回
20.           default: function(){
21.               return { message: 'Hello, world' }
22.           }
23.       },
24.       // propF使用一个自定义的验证器
25.       propF: {
26.           validator: function(value){
27.               return value>=0 && value<=100;
28.       }
```

< 93 >

```
29.      }
30. }
```

5.2.3 使用slot

使用 slot

slot为父组件提供了安插内容到子组件中的途径。本节主要讲解单slot、具名slot、作用域slot。

1．单slot

默认父组件在子组件内套的内容是不显示的，除非子组件模板包含至少一个slot，否则父组件的内容将会被丢弃，如例5-11所示。

【例5-11】默认情况。

```
1.  <div id="app">
2.  <children>
3.          <!--span这行不会显示-->
4.          <span>注册成功</span>
5.      </children>
6.  </div>
7.  <script>
8.      var vm = new Vue({
9.          el: '#app',
10.         components: {
11.             children: {
12.                 template: "<button>这是子组件</button>"
13.             }
14.         }
15.     });
16. </script>
```

children模板内部的span被默认删除了，"注册成功"并没有显示，如图5-12所示。如果想让span显示在页面上，那么就应该使用slot。

图 5-12　默认情况

当子组件模板只有一个没有属性的slot时，子组件标签下的整个HTML内容片段将插入slot所在的DOM位置，并替换掉slot标签本身。修改代码第11行～第13行如下。

< 94 >

```
11.   children: {
12.         template: '<div><slot><p>默认效果</p></slot>这里是子组件</div>'
13.       }
```

再次运行代码，span标签的内容就会被渲染出来，如图5-13所示。如果在children模板中不写span标签，那么slot默认会渲染slot模板里的内容，最初在slot标签中的任何内容都被视为备用内容。备用内容在子组件的作用域内编译，并且只有在父组件为空且没有要插入内容时才显示。

图 5-13　渲染 span 标签的内容

2. 具名slot

上面的示例模板中有一个slot，如果想在一个组件中使用多个slot，就需要使用具名slot。slot元素可以用特殊的属性name来配置分发内容，多个slot可以有不同的name。具名slot将匹配模板内容片段中有对应slot特性的元素。代码如例5-12所示。

【例5-12】具名slot。

```
1.   <!DOCTYPE html>
2.   <html lang="en">
3.   <head>
4.       <meta charset="UTF-8">
5.       <title>vue.js --- 乐美无限培训课</title>
6.   </head>
7.   <body>
8.   <script src="../js/vue.js"></script>
9.   <h1>具名slot</h1>
10.  <p>slot元素可以用特殊的属性name来配置如何接收父组件的分发内容，多个 slot 可以有不同的
name。具名slot将匹配内容片段中有对应slot特性的元素。仍然可以有一个匿名slot，它是默认slot，作
为找不到匹配的内容片段的备用插槽。如果没有默认的slot，这些找不到匹配的内容片段将被抛弃。</p>
11.  <div id="app-7">
12.      <my-component>
13.          <h1 slot="header">页面标题</h1>
14.          <p>主要内容的一个段落。</p>
15.          <p>另一个主要段落。</p>
16.          <div slot="footer">
17.              <address>这里有一些联系信息</address>
18.          </div>
19.      </my-component>
20.  </div>
21.  <script>
22.      Vue.component('my-component', {
23.          template: `
24.      <div class="container">
25.          <header>
26.              <slot name="header"></slot>
27.          </header>
```

< 95 >

```
28.              <main>
29.                  <slot></slot>
30.              </main>
31.              <footer>
32.                  <slot name="footer"></slot>
33.              </footer>
34.          </div>`
35.      })
36. //    初始化根实例
37.      var app7 = new Vue({
38.          el: '#app-7'
39.      })
40. </script>
41. </body>
42. </html>
```

例5-12中有一个匿名slot，它是默认slot，作为找不到匹配的内容片段的备用插槽。如果没有默认slot，这些找不到匹配的内容片段将被抛弃。程序运行结果如图5-14所示。

3．作用域slot

在父级中，具有特殊属性scope的template元素是作用域slot的模板。scope的值对应一个临时变量名，此变量接收从子组件中传递的prop对象。下面通过例5-13来说明。

【例5-13】作用域slot。

图 5-14　具名 slot

```
1.  <!DOCTYPE html>
2.  <html lang="en">
3.  <head>
4.      <meta charset="UTF-8">
5.      <title>vue.js --- 乐美无限培训课</title>
6.  </head>
7.  <body>
8.  <script src="../js/vue.js"></script>
9.  <h1>作用域slot</h1>
10. <p>在父级中，具有特殊属性 scope 的 template 元素是作用域slot的模板。scope 的值对应一个临时变量名，此变量接收从子组件中传递的 prop 对象。</p>
11.
12. <div id="app-7">
13.     <my-component>
14.         <template scope="myProps">
15.             <span>这里是父组件传入的信息！</span>
16.             <span>这里是父组件从子组件接收到的数据"{{ myProps.text }}"，格式化后再分发给插槽。</span>
17.         </template>
```

< 96 >

```
18.          </my-component>
19.    </div>
20.    <script>
21.        Vue.component('my-component', {
22.            template: `
23.          <div class="container">
24.                <slot text="hello from child"></slot>
25.            </div>`
26.        })
27.
28.    //    初始化根实例
29.        var app7 = new Vue({
30.            el: '#app-7'
31.        })
32.    </script>
33.    </body>
34.    </html>
```

在代码使用的组件标签<my-component>中要有<template scope="myProps">，再通过{{myProps.text}}就可以调用组件模板中的<slot text="hello from child"></slot>绑定的数据，所以作用域slot是一种子向父传参的方式，解决了普通slot在父组件中无法访问my-component数据的问题。运行结果如图5-15所示。

作用域slot的代表性用例是列表组件，它允许在父组件上对列表项进行自定义显示，在源数据数组中的所有列表项都可以通过slot定义后传递给父

图 5-15　作用域 slot

组件使用，也就是说数据是相同的，不同的场景页面可以有不同的展示方式。

【例5-14】作用域slot列表组件。

```
1.    <!DOCTYPE html>
2.    <html lang="en">
3.    <head>
4.        <meta charset="UTF-8">
5.        <title>vue.js --- 乐美无限培训课</title>
6.    </head>
7.    <body>
8.    <script src="../js/vue.js"></script>
9.    <h1>作用域slot</h1>
```

在父级中，具有特殊属性scope的 template 元素可以用于接收子组件传递出来的数据。scope的值对应一个临时变量名，此变量接收从子组件中传递的 prop 对象。具有scope属性的template称为"作用域slot模板"。

```
1.    <div id="app-7">
2.        <my-component :items="myItems">
3.            <!--作用域slot也可以是具名的 -->
4.            <template slot="item" scope="props">
```

< 97 >

```
5.                <!-- 允许父组件向子组件分发内容 -->
6.                <li class="my-fancy-item">{{props.username}} {{ props.text }}</li>
7.            </template>
8.        </my-component>
9.  </div>
10. <script>
11.     Vue.component('my-component', {
12.         props:["items"],
13.         template: `
14.             <ul>
15.                 <hr>
16.                 <slot name="item" v-for="item in items" :username="item.username" :text="item.text"></slot>
17.                 <hr>
18.             </ul>`,
19.         created: function(){
20.             console.log(this.items) ;
21.         }
22.     })
23.
24. //   初始化根实例
25.     var app7 = new Vue({
26.         el: '#app-7',
27.         data: {
28.             myItems:[
29.                 {username:'小慧',text: '毕业了'},
30.                 {username:'小兰',text: '毕业了'},
31.                 {username:'小强',text: '毕业了'}
32.                 ]
33.         }
34.     })
35. </script>
36.
37. </body>
38. </html>
```

运行结果如图5-16所示。

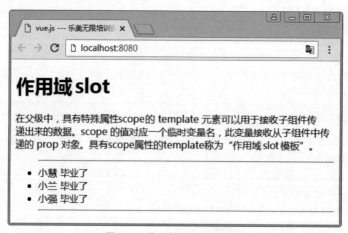

图 5-16　作用域 slot 列表组件

< 98 >

5.2.4　组件实战

通过前面的学习，读者应该对组件有了一定的认识，能够注册定义组件、使用嵌套组件。例5-15将帮助读者加强对组件的理解。

【例5-15】组件实战。

```
1.  <!DOCTYPE html>
2.  <html>
3.  <head>
4.  <meta charset="UTF-8">
5.  <title></title>
6.  <style type="text/css">
7.  * {
8.        margin: 0;
9.        padding: 0;
10.       box-sizing: border-box
11. }
12. html {
13.       font-size: 12px;
14.       font-family: Ubuntu, simHei, sans-serif;
15.       font-weight: 400
16. }
17. body {
18.       font-size: 1rem
19. }
20. table,
21. td,
22. th {
23.       border-collapse: collapse;
24.       border-spacing: 0
25. }
26. table {
27.       width: 100%;
28.       margin: 20px;
29. }
30. td,
31. th {
32.       border: 1px solid #bcbcbc;
33.       padding: 5px 10px
34. }
35. th {
36.       background: #42b983;
37.       font-size: 1.2rem;
38.       font-weight: 400;
39.       color: #fff;
40.       cursor: pointer
41. }
42. tr:nth-of-type(odd) {
43.       background: #fff
44. }
45. tr:nth-of-type(even) {
```

< 99 >

```
46.          background: #eee
47. }
48. fieldset {
49.          border: 1px solid #bcbcbc;
50.          padding: 15px;
51. }
52. input {
53.          outline: none
54. }
55. input[type=text] {
56.          border: 1px solid #ccc;
57.          padding: .5rem .3rem;
58. }
59. input[type=text]:focus {
60.          border-color: #42b983;
61. }
62. button {
63.          outline: none;
64.          padding: 5px 8px;
65.          color: #fff;
66.          border: 1px solid #bcbcbc;
67.          border-radius: 3px;
68.          background-color: #009a61;
69.          cursor: pointer;
70. }
71. button:hover{
72.          opacity: 0.8;
73. }
74. #app {
75.          margin: 0 auto;
76.          max-width: 480px;
77. }
78. #searchBar{
79.          margin: 10px;
80.          padding-left: 20px;
81. }
82. #searchBar input[type=text]{
83.          width: 80%;
84. }
85. .arrow {
86.          display: inline-block;
87.          vertical-align: middle;
88.          width: 0;
89.          height: 0;
90.          margin-left: 5px;
91.          opacity: 0.66;
92. }
93. .arrow.asc {
94.          border-left: 4px solid transparent;
95.          border-right: 4px solid transparent;
96.          border-bottom: 4px solid #fff;
97. }
```

< 100 >

```
98. .arrow.dsc {
99.         border-left: 4px solid transparent;
100.         border-right: 4px solid transparent;
101.         border-top: 4px solid #fff;
102. }
103. </style>
104. </head>
105. <body>
106. <div id="app">
107.         <simple-grid :data="gridData" :columns="gridColumns" >
108.         </simple-grid>
109. </div>
110. <template id="grid-template">
111.         <table>
112.         <thead>
113.                 <tr>
114.                         <th v-for="col in columns">
115.                                 {{ col }}
116.                         </th>
117.                 </tr>
118.         </thead>
119.         <tbody>
120.                 <tr v-for="entry in data ">
121.                         <td v-for="col in columns">
122.                                 {{entry[col]}}
123.                         </td>
124.                 </tr>
125.         </tbody>
126.         </table>
127. </template>
128. </body>
129. <script src="../js/vue.js"></script>
130. <script>
131. Vue.component('simple-grid', {
132.         template: '#grid-template',
133.         props: {
134.                 data: Array,
135.                 columns: Array
136.         }
137. })
138.
139. var demo = new Vue({
140.         el: '#app',
141.         data: {
142.                 gridColumns: ['name', 'age', 'sex'],
143.                 gridData: [{
144.                         name: '小明',
145.                         age: 20,
146.                         sex: '男'
147.                 }, {
148.                         name: '小强',
149.                         age: 21,
```

< 101 >

```
150.                              sex: '男'
151.                  }, {
152.                              name: '小兰',
153.                              age: 22,
154.                              sex: '女'
155.                  }, {
156.                              name: '小惠',
157.                              age: 20,
158.                              sex: '女'
159.                  }]
160.          }
161. })
162. </script>
163.
164. </html>
```

本例用props验证来确保data、columns是数组。本例运行结果如图5-17所示。大家可以思考如何实现数据过滤，也可以试着修改本例，实现在文本框中输入关键字筛选相应数据的功能。

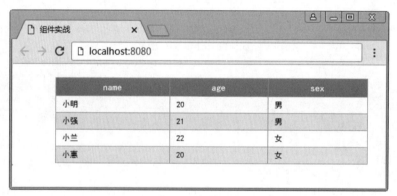

图 5-17　组件实战

5.3 组件通信

Vue组件通信的方式主要有4种：父子组件的通信、非父子组件的eventBus通信、利用本地缓存实现组件通信、Vuex通信。后两种本书不做重点介绍，感兴趣的读者可以在网上查找相关资料。

组件通信

5.3.1 父组件向子组件通信

关于父组件向子组件通信，在这里介绍两种方式：一种需使用props，另一种要通过$parent。props默认是单向绑定：当父组件的属性变化时，它会将变化传导给子组件，但是反过来不会。这是为了防止子组件在无意中修改父组件的状态。

< 102 >

（1）使用props属性让父组件向子组件通信可以使用如下代码。

```
<child-component v-bind:子组件属性="父组件数据属性"></child-component>
```

具体步骤：父组件在template里使用子组件，子组件使用props接收数据。

```
1.  //父组件在template里使用子组件
2.  <child v-bind:my-message="parentMsg"></child>
3.  // 子组件用props接收数据
4.  props: ['myMessage']
```

完整代码如下。

```
1.  <!DOCTYPE html>
2.  <html>
3.  <head>
4.  <meta charset="utf-8">
5.  <title>父组件向子组件传值</title>
6.  <script src="../js/vue.js"></script>
7.  </head>
8.  <body>
9.  <div id="app">
10.     <div>
11.         <input v-model="parentMsg">
12.         <br>
13.         <child v-bind:my-message="parentMsg"></child>
14.     </div>
15. </div>
16.
17. <script>
18. // 注册
19. Vue.component('child', {
20.   // 声明 props
21.   props: ['myMessage'],
22.   // 同样也可以在 vm 实例中像this.myMessage这样使用
23.   template: '<span>{{ 'myMessage'}}</span>'
24. })
25. // 创建根实例
26. new Vue({
27.   el: '#app',
28.   data: {
29.       parentMsg: '父组件内容'
30.   }
31. })
32. </script>
33. </body>
34. </html>
```

props默认是单向绑定，如果需要双向绑定可以使用.sync显式地指定，这将使得子组件的数据修改回传给父组件。

```
<my-component v-bind:my-name.sync="name" v-bind:my-age.sync="age"></my-component>
```

< 103 >

如果需要单次绑定，可以使用.once显式地指定单次绑定。单次绑定建立后不会同步组件后续的变化，这意味着即使父组件修改了数据，也不会将此变化传导给子组件。

```
<my-component v-bind:my-name.once="name" v-bind:my-age.once="age"></my-component>
```

（2）用户可直接在子组件中通过this.$parent调用其父组件，但并不建议使用。

5.3.2　子组件向父组件通信

子组件向父组件通信也有两种方式：一种是使用自定义事件，另一种是使用$refs。

1．使用自定义事件

（1）在父组件中调用子组件时，绑定一个自定义事件和对应的处理函数。

```
1.   // 1. 在templete里应用子组件时，定义事件changeMsg
2.   <counter   @changeMsgEvent="changeMsg"></counter>
3.   // 2. 用changeMsg监听事件是否触发
4.   methods: {
5.       changeMsg:function(msg){
6.               //msg就是传递来的数据
7.       }
8.   }
```

（2）把在子组件中要传递的数据通过触发自定义事件的方式传递给父组件。

```
this.$emit("changeMsg ","这是子组件传递的数据")
```

例5-16、例5-17为两个应用实例。

【例5-16】子组件向父组件通信。

```
1.   <!doctype html>
2.   <html>
3.    <head>
4.     <meta charset="UTF-8">
5.     <title>子组件向父组件通信</title>
6.       <script src="../js/vue.js"></script>
7.    </head>
8.    <body>
9.     <div id="container">
10.        <p>{{msg}}</p>
11.        <parent-component></parent-component>
12.    </div>
13.    <script>
14.        //通过触发自定义事件的方式传递
15.        //绑定—触发
16.        Vue.component("parent-component",{
17.            data:function(){
18.                return {
19.                    sonMsg:""
20.                }
```

< 104 >

```
21.              },
22.              methods:{
23.                  //msg参数要接收子组件传递的数据
24.                  recvMsg:function(msg){
25.                      console.log("父组件接收到子组件的数据"+msg);
26.                      this.sonMsg = msg;
27.
28.                  }
29.              },
30.              template:`
31.                  <div>
32.                      <h1>这是父组件</h1>
33.                      <p>子组件传来的数据如下。{{sonMsg}}</p>
34.                      <hr/>
35.                      <child-component @customEvent="recvMsg"></child-component>
36.                  </div>
37.              `
38.          })
39.          Vue.component("child-component",{
40.              methods:{
41.                  sendMsg:function(){
42.                      //触发绑定给子组件的自定义方法
43.                      //第一个参数触发，第二个参数传值
44.                      this.$emit("customEvent","Vue组件学习中");
45.                  },
46.              },
47.              template:`
48.                  <div>
49.                      <h1>这是子组件</h1>
50.                      <button @click="sendMsg">senToFather</button>
51.                  </div>
52.              `
53.          })
54.          new Vue({
55.              el:"#container",
56.              data:{
57.                  msg:"Hello VueJs"
58.              }
59.          })
60.      </script>
61.  </body>
62. </html>
```

例5-16使用一个自定义事件实现子组件向父组件通信，其中this.$emit("customEvent", "Vue组件学习中")中的$emit()表示把事件沿着作用域链向上派送。

【例5-17】自定义事件进行格式化和位数限制。

```
1.  <!DOCTYPE html>
2.  <html lang="en">
3.  <head>
4.      <meta charset="UTF-8">
5.      <title>自定义事件进行格式化和位数限制</title>
```

< 105 >

```
6.    </head>
7.    <body>
8.    <script src="../js/vue.js"></script>
9.    <h1>事件机制</h1>
10.
11.   <div id="app-7">
12.       <currency-input v-model="price"></currency-input>
13.   </div>
14.   <script>
15.       Vue.component('currency-input', {
16.           template: `<span>
17.         $<input ref="input" v-bind:value="value" v-on:input="updateValue
($event.target.value)">
18.       </span>`,
19.           props: ['value'],
20.           methods: {
21.               // 不是直接更新值，而是使用此方法对输入值进行格式化和位数限制
22.               updateValue: function (value) {
23.                   var formattedValue = value.trim() // 删除两侧的空格符
24.                       .slice(0, value.indexOf('.') + 3) // 保留两位小数
25.                   if (formattedValue !== value) { // 如果值不统一，手动覆盖
以保持一致
26.                       this.$refs.input.value = formattedValue
27.                   }
28.                   this.$emit('input', Number(formattedValue)) // 通过input
事件传递数值
29.               }
30.           }
31.       })
32.   // 初始化根实例
33.       var app7 = new Vue({
34.           el: '#app-7',
35.           data: {
36.               price: 10.123
37.           }
38.       })
39.   </script>
40.
41.   </body>
42.   </html>
```

运行结果如图5-18所示。

图 5-18 格式化和位数限制

< 106 >

2．使用$refs

子组件向父组件通信使用$refs步骤如下。

（1）在调用子组件时指定refs属性。

```
<child-component refs="xiaoming"></child-component>
```

（2）使用$refs得到指定引用名称对应的组件实例。

```
This.$refs.xiaoming
```

5.3.3　任意组件及平行组件通信

eventBus这种通信方式针对的是非父子组件之间的通信，是通过事件的触发和监听来实现的。但是因为组件之间非父子关系，所以需要有一个中间组件来连接它们。用户可以在根组件，也就是#app组件上定义一个所有组件都可以访问到的组件。

使用eventBus传递数据的步骤如下。

（1）创建一个Vue实例，作为事件绑定触发的公共属性。

（2）在发送方的组件触发自定义事件。

（3）在接收组件监听事件，接收数据。

```
1.   // 1. 创建一个Vue实例
2.      bus : new Vue()
3.   // 2.在子组件触发自定义的事件 $emit()——把事件沿着作用域链向上派送
4.     bus.$emit('changeMsgEvent', '需要传递的数据')
5.
6.   // 3.在接收组件监听事件，接收数据
7.   mounted(){
8.          bus.$on('changeMsgEvent', function(msg){
9.          //msg是通过事件传递来的数据
10.      })
11. }
```

实例代码如例5-18所示。

【例5-18】任意组件及平行组件通信。

```
1.   <!DOCTYPE html>
2.   <html lang="en">
3.   <head>
4.       <meta charset="UTF-8">
5.       <title>组件之间的通信</title>
6.   </head>
7.   <body>
8.   <script src="lib/vue.js"></script>
9.   <h1>组件之间的通信</h1>
10.  <p>有时候两个组件（非父子关系）也需要通信。在简单的场景下，可以使用一个空的 Vue 实例作为中央事件总线。</p>
```

< 107 >

```
11.
12. <div id="app-7">
13.      <h2>组件A：向总线上报事件</h2>
14.      <my-component-a   v-bind:counter="total"></my-component-a>
15.      <h2>组件B：通过总线监听相关事件</h2>
16.      <my-component-b></my-component-b>
17. </div>
18. <script>
19.      var bus = new Vue() ;
20.
21.      Vue.component('my-component-a', {
22.          template: '<div><p>组件A</p><hr> <button v-on:click="doClick">
{{ counter }}</button><hr></div>',
23.          data: function(){
24.              return  {counter: 1}
25.          },
26.          methods: {
27.              doClick: function(){
28.                  this.counter++ ;
29.                  bus.$emit('btn-click', this.counter)
30.              }
31.          }
32.      })
33.
34.      Vue.component('my-component-b', {
35.          template: '<div><p>组件B</p><hr> 计数器: {{ counter }} <hr></div>',
36.          data: function () {
37.              return {
38.                  counter: 0
39.              }
40.          },
41.          methods: {
42.              foo: function (value) {
43.                  console.log(value) ;
44.                  this.counter = value ;
45.              }
46.          },
47.          created : function() {
48.              bus.$on('btn-click', this.foo);
49.          }
50.      })
51. //   初始化根实例
52.      var app7 = new Vue({
53.          el: '#app-7',
54.          data: {
55.              total: 0
56.          },
57.          methods: {
58.              doChildClick: function () {
59.                  this.total += 1
60.              }
61.          }
62.      })
```

< 108 >

```
63.    </script>
64.
65.    </body>
66.    </html>
```

例5-18使用Vue实例作为中央事件总线，实现组件之间的数据通信。运行结果如图5-19所示。

图 5-19　任意组件及平行组件通信

5.4　创建自己的组件

本节我们将创建自己的组件——带提示的搜索框，在这个组件中定义main-work父组件、main-work-list子组件。父组件使用props: ['btn']与子组件通信，子组件可通过触发自定义的函数this.$emit('setvalue', list, this.show)把数据list、this.show传到父组件中，其中$emit()把事件沿着作用域链向上派送，在组件中的data必须是函数。例5-19为创建带提示的搜索框的代码。

【例5-19】创建带提示的搜索框。

```
1.    <!DOCTYPE html>
2.    <html lang="en">
3.    <head>
4.        <meta charset="UTF-8">
5.        <title>自定义组件 </title>
6.        <style>
7.            html, body {
8.                width: 100%;
9.                margin: 0;
10.               padding: 0;
11.           }
12.           .main {
13.               width: 90%;
```

< 109 >

```
14.            margin: 100px auto 0;
15.            box-sizing: border-box;
16.        }
17.        .main div {
18.            box-sizing: border-box;
19.        }
20.        .main-box {
21.            float: left;
22.            width: 45%;
23.            padding: 40px 0;
24.            border: 1px solid #999;
25.            background-color: #f05a10;
26.        }
27.        .main-work {
28.            width: 80%;
29.            min-height: 60px;
30.            margin: 0 auto;
31.            border-radius: 30px;
32.            background-color: #ededed;
33.        }
34.        .main-work .main-work-top {
35.            height: 60px;
36.            padding: 5px 3%;
37.
38.        }
39.        .main-work .main-work-top input[type="text"] {
40.            width: 75%;
41.            height: 50px;
42.            margin: 0;
43.            padding: 0;
44.            border: 1px solid #999;
45.            border-radius: 25px;
46.            outline: none;
47.            box-sizing: border-box;
48.            background-color: #dedede;
49.            text-indent: 1em;
50.            font-size: 20px;
51.        }
52.        .main-work .main-work-top button {
53.            width:20%;
54.            height: 50px;
55.            margin: 0;
56.            padding: 0;
57.            background-color: #ff6600;
58.            box-sizing: border-box;
59.            border-radius: 25px;
60.            font-size: 24px;
61.            line-height: 46px;
62.            color: #fff;
63.        }
64.        .main-work .main-work-bottom {
65.            width: 100%;
66.            margin: 0;
```

< 110 >

```
67.                padding: 5px 5%;
68.                border: none;
69.                box-sizing: border-box;
70.                list-style: none;
71.            }
72.        .main-work .main-work-bottom li {
73.                width: 75%;
74.                height: 36px;
75.                margin: 0;
76.                padding: 0;
77.                border-radius: 18px;
78.                list-style: none;
79.                text-indent: 1em;
80.                font-size: 20px;
81.                line-height: 36px;
82.                color: #666;
83.                cursor: pointer;
84.            }
85.        .main-work .main-work-bottom li:hover {
86.                background-color: #ff6600;
87.                color: #fff;
88.            }
89.        .left {
90.                float: left;
91.            }
92.        .clearfix:after {
93.                content: ".";
94.                display: block;
95.                clear: both;
96.                height: 0;
97.                overflow: hidden;
98.                visibility: hidden;
99.            }
100.    </style>
101.    <script src='../js/vue.js'></script>
102. </head>
103. <body>
104.    <div id="app">
105.        <div class="main clearfix">
106.            <div class="main-box left">
107.                <main-work
108.                    v-bind:btn="btnOne"
109.                ></main-work>
110.            </div>
111.        </div>
112.    </div>
113.    <script>
114.        Vue.component('main-work', {
115.            template: `<div class="main-work">
116.                        <div class="main-work-top clearfix">
117.                            <input
118.                                type="text"
119.                                class="left"
```

```
120.                                    v-model="input"
121.                                    v-on:focus="showSelectListFunc"
122.                              >
123.                              <button
124.                                    class="right"
125.                              >{{btn}}</button>
126.                          </div>
127.                          <main-work-list
128.                                v-on:setvalue="setvalue"
129.                                v-bind:show="showSelectList"
130.                          ></main-work-list>
131.                      </div>`,
132.              props: ['btn'],
133.              data: function () {
134.                  return {
135.                      input: '',
136.                      showSelectList: false
137.                  }
138.              },
139.              methods: {
140.                  showSelectListFunc: function () {
141.                      this.showSelectList = true;
142.                  },
143.                  hideSelectListFunc: function () {
144.                      this.showSelectList = false;
145.                  },
146.                  setvalue: function (list, show) {
147.                      this.input = list;
148.                      this.showSelectList = !show;
149.                  }
150.              }
151.          })
152.          Vue.component('main-work-list', {
153.              template:  `<ul
154.                              class="main-work-bottom"
155.                              v-show="show"
156.                          >
157.                              <li
158.                                  v-for="list in lists"
159.                                  v-on:click="selectList(list)"
160.                              >{{list}}</li>
161.                          </ul>`,
162.              props: ['show'],
163.              data: function () {
164.                  return {
165.                      lists: [
166.                          'html+css',
167.                          'html5+css3',
168.                          'javascript',
169.                          'angular',
170.                          'react',
171.                          'vue',
```

< 112 >

```
172.                        'iview',
173.                    ]
174.                }
175.            },
176.            methods: {
177.                selectList: function (list) {
178.                    this.$emit('setvalue', list, this.show);
179.                }
180.            }
181.        })
182.        var app = new Vue({
183.            el: '#app',
184.            data: {
185.                btnOne: '查询'
186.            }
187.        })
188.    </script>
189. </body>
190. </html>
```

　　父组件使用props: [btn]、props: ['show']把数据传给子组件,自定义事件实现子组件向父组件传递数据。代码的运行结果如图5-20所示。单击输入框后可选择下拉列表项,如图5-21所示。

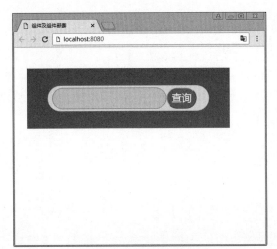

图 5-20　带提示的搜索框

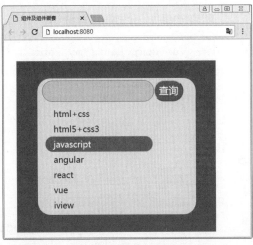

图 5-21　选择下拉列表项

本章小结

　　本章主要介绍了Vue组件知识,包括组件的定义、组件的作用域、组件中的data必须是函数、组件嵌套、使用props向子组件传递数据、使用props验证数据的类型是否合法、组件之间的通信方式等。$emit()用于把事件沿着作用域链向上派送,$on()用于监听事件。Vue实例作为中央事件总线可实现任意组件及平行组件互相通信。本章深入讲解了组件知识,还为读者以后开发项目提供了经验。

< 113 >

习题

5-1 通过实例说明：为什么父组件数据传递给子组件后，修改子组件数据，默认父组件数据不会被修改？使用什么方法可以实现父子数据双向绑定？

5-2 分析如下代码实现的功能。

```html
1.    <!doctype html>
2.    <html>
3.     <head>
4.     <meta charset="UTF-8">
5.     <title>父子之间通信练习</title>
6.        <script src="js/vue.js"></script>
7.     </head>
8.     <body>
9.      <div id="container">
10.          <p>{{msg}}</p>
11.          <my-login></my-login>
12.      </div>
13.      <script>
14.   /*
15.        登录窗口
16.        创建4个组件，分别是my-label、my-input、my-button、my-login（复合组件）
17.   */
18.          Vue.component("my-label",{
19.              props:["myLabel"],
20.              template:`
21.                  <div>
22.                      <label>{{myLabel}}</label>
23.                  </div>
24.                  `
25.          })
26.          Vue.component("my-input",{
27.              template:`
28.                  <div>
29.                      <input type="text"/>
30.                  </div>
31.                  `
32.          })
33.          Vue.component("my-button",{
34.              props:["myButton"],
35.              template:`
36.                  <div>
37.                      <button>{{myButton}}</button>
38.                  </div>
39.                  `
40.          })
41.          //复合组件
42.          Vue.component("my-login",{
43.              data:function(){
44.                  return {
```

< 114 >

```
45.                        uname:"用户名",
46.                        upwd:"密码",
47.                        login:"登录",
48.                        register:"注册"
49.                    }
50.                },
51.                template:`
52.                    <div>
53.                    <my-label v-bind:myLabel="uname"></my-label>
54.                    <my-input></my-input>
55.                    <my-label v-bind:myLabel="upwd"></my-label>
56.                    <my-input></my-input>
57.                    <my-button v-bind:myButton="login"></my-button>
58.                    <my-button v-bind:myButton="register"></my-button>
59.                    </div>
60.
61.            })
62.        new Vue({
63.                el:"#container",
64.                data:{
65.                    msg:"Hello VueJs"
66.                }
67.            })
68.        </script>
69.    </body>
70. </html>
```

5-3　编写功能代码，实现props传递参数验证数据合法性，并限定数据的格式。

5-4　分析如下代码实现的功能。

```
1.  <!doctype html>
2.  <html>
3.    <head>
4.    <meta charset="UTF-8">
5.    <title>子与父之间的通信</title>
6.      <script src="../js/vue.js"></script>
7.    </head>
8.    <body>
9.    <div id="container">
10.        <p>{{msg}}</p>
11.        <parent-component></parent-component>
12.    </div>
13.    <script>
14.    //创建父组件
15.        Vue.component("parent-component",{
16.        //data属性
17.            data:function(){
18.                return{
19.                    sonMsg:""
20.                }
21.            },
22.            methods:{
```

< 115 >

```
23.                    recvMsg:function(msg){
24.                        this.sonMsg = msg
25.                    }
26.                },
27.                template:`
28.                    <div>
29.                        <h1>父组件</h1>
30.                        <h4>子组件传递的数据：{{sonMsg}}</h4>
31.                        <child-component @customEvent="recvMsg"></child-component>
32.                    </div>
33.                    `
34.            })
35.            //创建子组件
36.            Vue.component("child-component",{
37.                data:function(){
38.                    return {
39.                        myInput:""
40.                    }
41.                },
42.                methods:{
43.                    sendMsg:function(){
44.                        this.$emit("customEvent",this.myInput);
45.                    }
46.                },
47.                template:`
48.                    <div>
49.                        <h1>子组件</h1>
50.                        <input type="text" v-model="myInput"/>
51.                        <button @click="sendMsg">发送</button>
52.                    </div>
53.                    `
54.            })
55.            new Vue({
56.                el:"#container",
57.                data:{
58.                    msg:"Hello VueJs"
59.                }
60.            })
61.        </script>
62.    </body>
63. </html>
```

< 116 >

第6章 自定义指令

Vue除提供基本指令外，也允许用户注册自定义指令。自定义指令是对基本指令的扩展与补充，包括全局指令和局部指令。通过学习自定义指令，读者可以更深入地了解钩子函数的作用，以及钩子函数参数在自定义指令中的使用。在不需要更多参数的情况下可以使用钩子函数的简写形式。如果指令需要传入多个值可以使用JavaScript对象字面量。

本章要点

- 自定义全局指令；
- 钩子函数参数；
- 自定义局部指令；
- JavaScript对象字面量。

6.1 自定义指令概述

Vue除提供基本的指令（如v-model和v-show）外，也允许用户注册自定义指令。自定义指令是用来操作DOM的。尽管Vue推崇数据驱动视图的理念，但并非所有的情况都适合使用数据驱动视图。自定义指令可以非常方便地实现和扩展，不仅可用于定义任何DOM操作，而且是可复用的。自定义指令分为全局指令和局部指令。

6.1.1 自定义全局指令

打开百度首页，搜索框就是直接获取焦点的，如图6-1所示。这个功能很常见，可以通过注册自定义全局指令v-focus来实现，该指令的功能是在页面加载时使元素获取焦点。

自定义全局指令

图6-1　搜索框直接获取焦点

自定义全局指令使用的语法格式为"Vue.directive(指令id,定义对象)"，在这里"指令id"是指令的名字，"定义对象"是一个对象，包含所创建的指令的钩子函数。钩子函数我们在第2章讲解Vue生命周期的时候已经讲过，读者可以回顾2.4节的Vue生命周期示例。自定义全局指令详细语法如下，其中钩子函数均为可选。

```
1.  Vue.directive("指令id",{
2.          // 当指令第一次绑定到元素上时调用，只调用一次，可以用来执行初始化操作（简言之，指令绑定元素）
3.              bind:function(){//常用！！！
4.                  alert("bind")
5.              },
6.          //当被绑定有自定义指令的元素插入DOM中时调用。在这里元素是插入#container（简言之，元素插入DOM元素）
7.              inserted:function(){
8.                  alert("inserted ")
9.              },
10.         // 当被绑定的元素所在模板更新时调用
11.         update:function(){
12.             alert("update")
13.         },
14.         // 当被绑定的元素所在模板完成一次更新时调用
15.         componentUpdated:function(){
16.             alert("componentUpdated ")
17.         },
18.         // 当指令和元素解绑时调用，只执行一次
19.         unbind:function(){
20.             alert("unbind)")
21.         }
22. })
```

下面根据刚才提到的打开百度首页搜索框直接获取焦点的情况，自定义一个全局指令 v-focus。例6-1所示为自定义全局指令的代码。

【例6-1】自定义全局指令。

```
1.  <!DOCTYPE html>
2.  <html>
3.  <head>
4.  <meta charset="utf-8">
5.  <title>斤斗云在线课堂</title>
6.  </head>
7.  <body>
8.  <div id="app">
9.              <p>页面载入时, input 元素自动获取焦点：</p>
10.             <input type="text" v-focus>
11. </div>
12.
13. <script src="../js/vue.js"></script>
14. <script>
15. // 注册一个全局指令 v-focus
16. Vue.directive('focus', {
17.   // 绑定元素插入DOM后执行钩子函数inserted
```

< 118 >

```
18.    inserted: function (el) {    //这里的el指的就是当前指令绑定的DOM元素
19.      // 使input元素获取焦点
20.      el.focus()
21.    }
22. })
23. // 创建根实例
24. new Vue({
25.    el: '#app'
26. })
27. </script>
28. </body>
29. </html>
```

例6-1中需要说明的是，el指当前指令绑定的DOM元素，代码运行后光标定位在界面的文本框中并自动获取焦点。运行结果如图6-2所示。

自定义局部指令、钩子函数

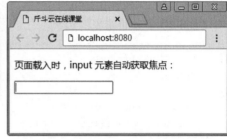

图 6-2　自定义全局指令获取焦点

6.1.2　自定义局部指令

在Vue实例中使用directives选项注册自定义局部指令，局部指令只能在相应实例中使用。语法如下：

```
1.  new Vue({
2.    el: '#app',
3.    directives: {
4.      //定义局部指令
5.    }
6.  })
```

使用自定义局部指令实现元素自动获取焦点的代码如例6-2所示。

【例6-2】自定义局部指令。

```
1.  <div id="app">
2.    <p>页面载入时，input 元素自动获取焦点：</p>
3.    <input v-focus>
4.  </div>
5.
6.  <script>
7.  // 创建根实例
8.  new Vue({
9.    el: '#app',
10.   directives: {
11.     // 注册一个局部指令 v-focus
12.     focus: {
13.       // 指令的定义
14.       inserted: function (el) {    //这里的el指的就是当前指令绑定的DOM元素
15.         // 聚焦元素
16.         el.focus()
17.       }
```

< 119 >

```
18.        }
19.      }
20.  })
21.  </script>
```

运行结果与自定义全局指令的相同。

6.1.3 案例分析

Vue.js官网讲解的自定义指令的相关概念有很多，但是在什么时候使用自定义指令呢？下面我们通过实际的应用场景和用例分析自定义指令的通常用法，定义一个可以拖曳的自定义元素，帮助读者理解，如例6-3所示。

【例6-3】定义可拖曳的元素。

```
1.   <!DOCTYPE html>
2.   <html>
3.   <head>
4.   <meta charset="utf-8">
5.   <title>斤斗云在线课堂</title>
6.   <style>
7.                .drag{
8.                     position: absolute;
9.                     width:200px;
10.                    height:200px;
11.                    background-color:lightgray;
12.                }
13.  </style>
14.  </head>
15.  <body>
16.  <div id="app">
17.              <p>注意要先给元素加上position定位属性，v-drag拖曳是通过更改top和
left值来实现的</p>
18.              <div class="drag" v-drag></div>
19.  </div>
20.  <script src="../js/vue.js"></script>
21.  <script>
22.  Vue.directive("drag",function (el) {     //el指当前绑定的div
23.        el.onmousedown=function (e) {
24.             var strX=e.pageX-this.offsetLeft;
25.             var strY=e.pageY-this.offsetTop;
26.             document.onmousemove=function (e) {
27.                el.style.left=e.pageX-strX+"px";
28.                el.style.top=e.pageY-strY+"px";
29.             };
30.             document.onmouseup=function () {
31.                document.onmousemove=document.onmouseup=null;
32.             }
33.        }
34.             });
35.             var vm=new Vue({
36.                 el:"#app",
```

< 120 >

```
37.                          data:{}
38.                    })
39. </script>
40. </body>
41. </html>
```

编写代码时需要注意先给元素加上position定位属性，v-drag拖曳是通过更改top和left值来实现的。代码运行后拖曳div，网页上的图片会跟随鼠标移动，效果如图6-3和图6-4所示。

图 6-3　div 拖曳前　　　　　　　　　　图 6-4　div 拖曳后

6.2　钩子函数

一个指令的定义对象可以提供5种可选的钩子函数，包括bind、inserted、update、componentUpdated、unbind。

6.2.1　钩子函数参数

读者可能已经发现，其实钩子函数可以有参数，例如，下面代码中的钩子函数inserted的参数为el。

```
1.  Vue.directive('focus', {
2.    // 绑定元素插入 DOM 后执行钩子函数inserted
3.    inserted: function (el) {    // 这里的el指当前指令绑定的DOM元素
4.      // 使input元素获取焦点
5.      el.focus()
6.    }
7.  })
```

其实除了el还有其他的钩子函数参数，指令的钩子函数会被传入以下参数。

（1）el：指令所绑定的元素，可以用来直接操作DOM。

（2）binding：一个对象，包含以下属性。

①name：指令名，不包括 v- 前缀。

< 121 >

② value：指令的绑定值，例如，在v-my-directive="1 + 1" 中，绑定值为 2。

③ oldValue：指令绑定的前一个值，仅在 update 和 componentUpdated 钩子函数中可用，无论值是否改变都可用。

④ expression：字符串形式的指令表达式。例如，在v-my-directive="1 + 1" 中，表达式为 "1 + 1"。

⑤ arg：传给指令的可选参数。例如，在v-my-directive:foo 中，参数为foo。

⑥ modifiers：一个包含修饰符的对象。例如，在v-my-directive.foo.bar 中，修饰符的对象为 { foo: true, bar: true }。

（3）vnode：Vue 编译生成的虚拟节点。

（4）oldVnode：上一个虚拟节点，仅在update和componentUpdated钩子函数中可用。

读者可通过例6-4理解钩子函数参数el、binding的使用方法。

【例6-4】用随机的背景色占位。

```
1.  <!DOCTYPE html>
2.  <html>
3.  <head>
4.  <meta charset="utf-8">
5.  <title>斤斗云在线课堂</title>
6.  <style>
7.  div{
8.  width:200px;
9.  height:300px;
10.     background-size: cover;
11. }
12. </style>
13. </head>
14. <body>
15. <div id="app">
16.     <p>在图片完成加载前，用随机的背景色占位，图片加载完成后才渲染出来。用自定义指令可以
非常方便地实现这个功能。</p>
17.     <div v-imgurl="url"></div>
18. </div>
19. <script src="../js/vue.js"></script>
20. <script>
21. Vue.directive('imgurl', {
22. //el指当前绑定的元素img, binding指一个对象
23.   inserted: function (el,binding) {
24.   var color=Math.floor(Math.random()*1000000);//设置随机颜色
25.                      //为img设置背景图片
26.                      el.style.backgroundColor='#'+color;
27.              var img=new Image();
28.                      img.src=binding.value;// binding.value是指令的绑定值url
29.                      img.onload=function(){
30.                              el.style.backgroundColor='';
31.                              el.style.backgroundImage="url("+binding.value+")";
32.                      }
33.   }
34. })
35. // 创建根实例
36. new Vue({
```

< 122 >

```
37.    el: '#app',
38.    data:{
39.              url:"logo.jpg"
40.    }
41. })
42. </script>
43. </body>
44. </html>
```

　　例6-4中用到了参数el、binding，el指当前绑定的元素img，binding指一个对象，binding.value是指令v-imgurl的绑定值url。代码运行后，图片在加载完成前用随机背景色占位，如图6-5所示。图片加载完成后如图6-6所示。

　　例6-5所示为自定义指令参数。

　　【例6-5】自定义指令参数。

```
1.   <!DOCTYPE html>
2.   <html>
3.   <head>
4.   <meta charset="utf-8">
5.   <title>斤斗云在线课堂</title>
6.   <style>
7.   div{
8.              width:200px;
9.              height:200px;
10.  }
11.  </style>
12.  </head>
13.  <body>
14.  <div id="app">
15.              <div id="hook-arguments-example" v-demo-directive:lightgrey =
"message"></div>
16.  </div>
17.  <script src="../js/vue.js"></script>
18.  <script>
19.   Vue.directive('demoDirective', {
20.     bind: function(el, binding, vnode){
21.         el.style.color = '#fff'
22.         el.style.backgroundColor = binding.arg
23.         el.innerHTML =
24.             '指令名name - '       + binding.name + '<br>' +
25.             '指令绑定值value - '     + binding.value + '<br>' +
26.             '指令绑定表达式expression - '+ binding.expression + '<br>'+
27.             '传入指令的参数argument - ' + binding.arg + '<br>'
28.       }
29.  });
30.  var demo = new Vue({
31.    el: '#hook-arguments-example',
32.    data: {
33.         message: '你好，欢迎加入Vue!'
34.    }
35.  })
```

< 123 >

```
36.    </script>
37.  </body>
38.  </html>
```

在代码的第15行<div id="hook-arguments-example" v-demo-directive:lightgrey= "message"> </div>中，如果为v-demo-directive传入blue，那么binding.arg就是蓝色，并且运行后div的背景是蓝色；如果传入lightgrey，那么binding.arg就是浅灰色，运行后div的背景是浅灰色。运行结果如图6-7所示。

图 6-5　图片加载完成前

图 6-6　图片加载完成后

图 6-7　自定义指令参数

6.2.2　钩子函数简写

钩子函数简写、JavaScript对象字面量

在钩子函数中，几乎都会存在el、binding这两个参数。当不需要其他参数时，可以简写函数如下。

```
1. Vue.directive('runoob', function (el, binding) {
2.      // 设置指令的背景颜色
3.      el.style.backgroundColor = binding.value.color
4. })
```

6.3　JavaScript对象字面量

如果指令需要多个值，可以传入一个 JavaScript 对象字面量。指令函数能够接收所有合法的 JavaScript 表达式。

JavaScript对象字面量，又称为映射，是键值对的集合。它的语句形式为一对大括号包着用逗号分隔的键值对，其中值用单引号括起来，键和值之间用冒号分隔。在编程语言中，字面量是一种表示值的记法。JavaScript支持对象和数组字面量，允许使用一种简洁而可读的记法来创建对象和数组。

```
1. <!DOCTYPE html>
```

< 124 >

```
2.  <html>
3.     <head lang="en">
4.         <meta charset="UTF-8">
5.         <script src="../js/vue.js"></script>
6.     </head>
7.     <body>
8.         <div id="hook-arguments-example" v-demo-directive="{ color: 'white',
text: 'hello!' }">
9.         </div>
10.        <script>
11.         Vue.directive('demoDirective', function(el, binding, vnode){
12.             console.log(binding.value.color);
13.             console.log(binding.value.text);
14.         });
15.          var demo = new Vue({
16.             el: '#hook-arguments-example'
17.         })
18.        </script>
19.     </body>
20. </html>
```

binding是一个对象，binding.value是对象字面量{ color: 'white', text: 'hello!' }，代码运行后binding.value.color获取“white”，binding.value.text获取“hello!”。

本章小结

本章主要介绍了什么是自定义指令、如何注册全局自定义指令和局部自定义指令。自定义指令中用到的钩子函数包括bind、inserted、update、componentUpdated、unbind，钩子函数参数有el、binding等。本章还介绍了指令参数、钩子函数简写、JavaScript对象字面量。

习题

6-1   请说明有哪些钩子函数。

6-2   简述什么是JavaScript对象字面量。

6-3   编写一个自定义指令的实例。

< 125 >

第7章 过渡与动画

Vue导航常用于切换过渡动画，在页面上使用过渡动画能让用户的体验更好。过渡动画主要是配合CSS样式来实现动画效果的。本章主要讲解过渡动画的实现方式，及其在元素/组件中的使用。

本章要点

- transition组件；
- 单元素/组件的过渡；
- 实现过渡动画的3种方式；
- 多元素/组件的过渡；
- 综合案例。

7.1 transition组件

在CSS3中，过渡属性transition可以在一定的时间内实现将元素的状态过渡为最终状态，用于模拟过渡动画效果，但是功能有限，只能实现简单的动画效果。而动画属性 animation 可以制作类似Flash的动画，通过关键帧控制动画的每一步，控制更为精确，可以制作更为复杂的动画。

transition
组件

Vue也可实现过渡与动画，Vue的过渡系统可以在元素插入或移出DOM时自动应用过渡效果。Vue会在适当的时机触发CSS过渡动画，也可以在过渡过程中提供相应的JavaScript钩子函数执行自定义的 DOM 操作。

Vue提供内置的过渡封装组件transition，该组件用于包裹要实现过渡动画效果的组件。

以按钮控制p元素显隐为例，如果不使用过渡效果，则代码如下所示。

```
1.   <div id="demo">
2.     <button v-on:click="show = !show">Toggle</button>
3.     <p v-if="show">我是精灵小天使 </p>
4.   </div>
5.   <script>
6.   new Vue({
7.     el: '#demo',
8.     data: {
```

```
9.     show: true
10.   }
11. })
12. </script>
```

　　单击按钮显示p元素，再次单击按钮隐藏p元素，如果要为此添加过渡效果，则需要使用过渡组件transition。

　　Vue提供实现过渡动画的内置组件transition。其基本用法是在动画的标签外面嵌套transition标签，并且加上属性。实现过渡动画的一般格式如下。

```
1. <transition name="fade">
2. <!-- 需要动画的div标签 -->
3. <div></div>
4. </transition>
```

　　当插入或删除包含在transition组件中的元素时，Vue会自动嗅探目标元素是否应用CSS实现了过渡或动画，如果是，则在恰当的时机添加/删除CSS类名。Vue提供了6个CSS类名（v-enter、v-enter-active、v-enter-to、v-leave、v-leave-active、v-leave-to）用于enter/leave过渡中的切换，如图7-1所示。

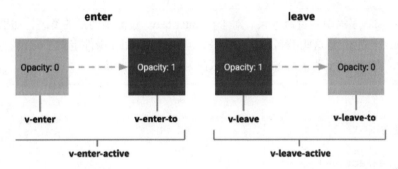

图 7-1　Vue 过渡

　　下面的代码演示了transition组件的具体使用方法，以及CSS类名的使用方法。

```
1.  <!DOCTYPE html>
2.  <html>
3.  <head>
4.  <meta charset="utf-8" />
5.  <title>斤斗云学堂</title>
6.  <style>
7.  .v-enter{
8.    opacity:0;
9.  }
10. .v-enter-active{
11.   transition:opacity .5s;
12. }
13. .v-leave-active{
14.   transition:transform .5s;
15. }
16. .v-leave-to{
17.   transform:translateX(10px);
```

< 127 >

```
18. }
19. </style>
20. </head>
21. <body>
22. <div id="demo">
23. <button v-on:click="show = !show">Toggle</button>
24.    <transition>
25.      <p v-if="show">我是精灵小天使</p>
26.    </transition>
27. </div>
28. <script type="text/javascript" src="../js/vue.js"></script>
29. <script>
30.      new Vue({
31.          el: '#demo',
32.          data: {
33.            show: true
34.          }
35.      })
36. </script>
37. </body>
38. </html>
```

代码运行后实现了简单的过渡效果。对于在 enter/leave 过渡中切换的类名，如果使用没有名字的 <transition>，则 v- 是这些类名的默认前缀。但如果transition组件定义了name，如<transition name="fade">，则所有以v-为前缀的CSS类名更换为以fade-为前缀。

```
1.  <style>
2.  .fade-enter{
3.    opacity:0;
4.  }
5.  .fade-enter-active{
6.    transition:opacity .5s;
7.  }
8.  .fade-leave-active{
9.    transition:transform .5s;
10. }
11. .fade-leave-to{
12.    transform:translateX(10px);
13. }
14. </style>
```

7.2 单元素/组件的过渡

Vue提供 transition 的封装组件，在下列情形中，可以给任何元素和组件添加 enter/leave过渡。

① 条件渲染（使用v-if）。

② 条件展示（使用v-show）。

实现过渡与
动画的三种
方式

< 128 >

③ 动态组件。

④ 组件根节点。

实现过渡动画通常有以下3种方式：一是使用Vue中的transition标签结合CSS样式实现过渡动画；二是利用animate.css结合transition标签实现过渡动画；三是利用Vue中的钩子函数实现过渡动画。下面具体讲解实现过渡动画的3种方式。

7.2.1 transition标签结合CSS样式实现过渡动画

在transition标签中设置CSS样式（fade-enter-active、fade-leave-active、fade-enter、fade-leave-to）来实现过渡，从而实现动画效果，如例7-1所示。

【例7-1】transition+CSS实现过渡动画。

```
1.  <!DOCTYPE html>
2.  <html>
3.  <head>
4.  <meta charset="utf-8" />
5.  <title>斤斗云学堂</title>
6.  <style>
7.  .button{
8.          width:400px;
9.          height:40px;
10.         line-height:40px;
11.         background-color:#ffdab9;
12.         text-align:center;
13. }
14. p{
15.         width:400px;
16.         margin:0;
17.         background-color:#fffacd;
18. }
19. .fade-enter-active,
20. .fade-leave-active {
21.         transition: opacity .5s;
22. }
23. .fade-enter,
24. .fade-leave-to
25. /* .fade-leave-active below version 2.1.8 */
26. {
27.         opacity: 0;
28. }
29. </style>
30. </head>
31. <body>
32. <div id="demo">
33.         <div class="button" v-on:click="show = !show">
34.                 Toggle
35.         </div>
36.         <transition name="fade">
37.                 <p v-if="show">"斤斗云学堂" 是一个专业学习IT开发知识技能的慕课平台，
```

< 129 >

内容涵盖前端开发、大数据、电子商务等。"斤斗云学堂"已累计培养数千学员。通过在"斤斗云学堂"学习，学员在IT学习和就业方面都得到了很大的帮助。"斤斗云学堂"现在每天都有千余名学员在线学习，平台有完整的学习课件、题库、作业系统。按照学习大纲要求，学员通过视频学习，能进行测验、交作业、参加阶段考试、完成项目实训，掌握开发技能。</p>

```
38.            </transition>
39. </div>
40. <script type="text/javascript" src="../js/vue.js"></script>
41. <script>
42.        new Vue({
43.            el: '#demo',
44.            data: {
45.                    show: true
46.            }
47.        }
48.            )
49. </script>
50. </body>
51. </html>
```

代码在过渡动画中分别设置了4个CSS类名，其中"transition: opacity .5s;"意思是执行变换属性为透明，变换时间为0.5s。单击"Toggle"按钮显示或隐藏段落，如图7-2所示。

图 7-2　transition+CSS 实现过渡动画

当插入或删除包含在 transition 组件中的元素时，Vue会做以下处理。

（1）自动嗅探目标元素是否应用了 CSS 过渡或动画，如果是，则在恰当的时机添加/删除 CSS 类名。

（2）如果过渡组件提供了 JavaScript钩子函数，这些钩子函数将在恰当的时机被调用。

（3）如果没有找到JavaScript钩子函数，也没有检测到CSS过渡或动画，在下一帧中立即执行DOM操作（插入/删除）。

7.2.2　animate.css结合transition标签实现过渡动画

自定义过渡的类名在实现过渡动画时会用到，读者可以通过以下特性自定义过渡的类名。

① enter-class。

② enter-active-class。

③ enter-to-class。

④ leave-class。

⑤ leave-active-class。

⑥ leave-to-class。

它们的优先级高于普通的类名，常与Vue的过渡系统和其他第三方CSS动画库（如animate.css）结合使用。例7-2为实现过渡动画的代码。

【例7-2】animate.css+transition实现过渡动画。

```
1. <!DOCTYPE html>
```

< 130 >

```
2.  <html>
3.  <head>
4.  <meta charset="utf-8" />
5.  <title>Vue自定义过渡的类名</title>
6.  <link href="https://cdn.jsdelivr.net/npm/animate.css@3.5.1" rel=" stylesheet"
type="text/css">
7.  </head>
8.  <body>
9.  <div id="demo">
10.     <button @click="show = !show">
11.         Toggle render
12.     </button>
13.     <transition name="custom-classes-transition" enter-active-class="animated
tada" leave-active-class="animated bounceOutRight">
14.         <p v-if="show">hello</p>
15.     </transition>
16. </div>
17. <script  src="../js/vue.js"></script>
18. <script>
19. new Vue({
20.     el: '#demo',
21.     data: {
22.                     show: true
23.     }
24. })
25. </script>
26. </body>
27. </html>
```

引入第三方库animate.css中的动画文件，设定动画效果enter-active-class="animated tada" leave-active-class="animated bounceOutRight"。运行结果如图7-3所示。

单击"Toggle render"按钮以后，页面上的文字"hello"会向右滑出页面；再单击按钮，"hello"会从左进入页面。

图 7-3　animate.css+transition 实现过渡动画

7.2.3　钩子函数实现过渡动画

JavaScript过渡主要通过事件监听钩子函数来触发，包括以下钩子函数。

```
1.  <transition
2.    v-on:before-enter="beforeEnter"
3.    v-on:enter="enter"
4.    v-on:after-enter="afterEnter"
5.    v-on:enter-cancelled="enterCancelled"
6.    v-on:before-leave="beforeLeave"
7.    v-on:leave="leave"
8.    v-on:after-leave="afterLeave"
```

< 131 >

```
9.      v-on:leave-cancelled="leaveCancelled"
10. >
11.    <!-- … -->
12. </transition>
```

在下面的各个方法中，函数的参数el表示要过渡的元素，可以设置其在不同情况下的位置、颜色等来控制动画。

```
1.  // …
2.  methods: {
3.     // --------
4.     // 进入中
5.     // --------
6.     beforeEnter: function (el) {
7.        // …
8.     },
9.     // 此回调函数的设置是可选项
10.    // 与 CSS 结合时使用
11.    enter: function (el, done) {
12.       // …
13.       done()
14.    },
15.    afterEnter: function (el) {
16.       // …
17.    },
18.    enterCancelled: function (el) {
19.       // …
20.    },
21.    // --------
22.    // 离开时
23.    // --------
24.    beforeLeave: function (el) {
25.       // …
26.    },
27.    // 此回调函数的设置是可选项
28.    // 与 CSS 结合时使用
29.    leave: function (el, done) {
30.       // …
31.       done()
32.    },
33.    afterLeave: function (el) {
34.       // …
35.    },
36.    // leaveCancelled 只用于 v-show 中
37.    leaveCancelled: function (el) {
38.       // …
39.    }
40. }
```

上面的代码中有两个比较特殊的方法enter和leave，它们接收了第2个参数done。当"进入"完毕或"离开"完毕后，程序会调用done方法来进行接下来的操作。例7-3为使用钩子函数实现过渡动画的代码。

< 132 >

【例7-3】 使用钩子函数实现过渡动画。

```
1.  <!DOCTYPE html>
2.  <html>
3.  <head>
4.      <meta charset="UTF-8">
5.      <meta name="viewport" content="width=device-width, initial-scale=1.0">
6.      <title>使用Vue钩子函数实现过渡动画</title>
7.      <style>
8.          .show {
9.              transition: all 0.5s;
10.         }
11.     </style>
12. </head>
13. <body>
14.     <div id="app">
15.         <button @click="toggle">显示/隐藏</button><br>
16.         <transition @before-enter="beforeEnter" @enter="enter" @after-enter=
"afterEnter" v-bind:css="false">
17.             <div class="show"  v-show="isshow">hello world</div>
18.         </transition>
19.     </div>
20.             <script src="../js/vue.js"></script>
21.             <script>
22.     new Vue({
23.         el: '#app',
24.         data: {
25.             isshow: false
26.         },
27.         methods: {
28.             toggle: function () {
29.                 this.isshow = !this.isshow;
30.             },
31.             beforeEnter: function (el) {
32.                 console.log("beforeEnter");
33.                 // 入场之前会执行 v-enter
34.                 el.style = "padding-left:100px";
35.             },
36.             enter: function (el, done) {
37.                 // 当进行的过程中执行 v-enter-active
38.                 console.log("enter");
39.                 // 为了能让代码正常运行，在设置结束状态后必须调用元素
40.                 // offsetHeight / offsetWeight，让动画得以实现
41.                 el.offsetHeight;
42.                 // 结束的状态最后写在enter中
43.                 el.style = "padding-left:0px";
44.                 // 继续向下执行done
45.                 done();
46.             },
47.             afterEnter: function (el) {
48.                 // 完毕以后会执行
49.                 console.log("afterEnter");
```

< 133 >

```
50.                // this.isshow = false;
51.            }
52.         }
53.     })
54. </script>
55. </body>
56. </html>
```

在例7-3运行后单击"显示/隐藏"按钮，文字"hello world"会从右向左过渡；再次单击"显示/隐藏"按钮后，文字"hello world"将隐藏。运行结果如图7-4所示。

图 7-4　使用钩子函数实现过渡动画

在"hello world"隐藏后单击"显示/隐藏"按钮，"hello world"会出现并向左慢慢滑动，可以发现，程序中3个与enter相关的方法只会在元素由隐藏变为显示的时候执行。done方法用来决定是否要执行后续的代码，如果不执行这个方法，那么执行完before、enter动画就会停止。程序在动画入场之前会执行 v-enter，在入场的过程中会执行 v-enter-active。为了让代码正常运行，在设置结束状态后必须调用元素 offsetHeight/offsetWeight，让动画得以实现。结束状态最后写在 enter中。

7.3　多元素的过渡

常见的多元素的过渡是一个列表或者表格变为描述这个列表表格为空消息的元素，如以下代码片段所示。

多元素的过渡、多组件的过渡

```
1.  <transition>
2.          <table v-if="items.length > 0">
3.          <!-- … -->
4.          </table>
5.          <p v-else>没有发现数据</p>
6.  </transition>
```

例7-4所示为使用CSS过渡实现列表ul标签和p标签的过渡。

【例7-4】多元素的过渡。

```
1.  <!DOCTYPE html>
2.  <html>
3.  <head>
```

< 134 >

```
4.         <meta charset="UTF-8">
5.         <meta name="viewport" content="width=device-width, initial-scale=1.0">
6.         <title>多元素的过渡</title>
7.         <style>
8.         .fade-enter,.fade-leave-to{opacity:0;}
9.         .fade-enter-active,.fade-leave-active{transition:opacity .5s;}
10.        </style>
11. </head>
12. <body>
13.        <div id="app">
14.         <button @click="clear">清空数据</button>
15.         <button @click="reset">重置</button>
16.         <transition name="fade">
17.                 <ul v-if="items.length > 0">
18.                   <li v-for="item in items">{{item}}</li>
19.                 </ul>
20.                 <p v-else>没有显示的数据.</p>
21.         </transition>
22.        </div>
23.     <script src="../js/vue.js"></script>
24.     <script>
25.     new Vue({
26.         el: '#app',
27.         data: {
28.            items: ['JavaScript高级','Vue','CSS3']
29.         },
30.         methods:{
31.            clear:function(){
32.            this.items.splice(0);
33.     },
34.     reset:function(){
35.            history.go();
36.         }
37.     }
38.        })
39. </script>
40. </body>
41. </html>
```

例7-4使用fade-enter、fade-leave-to、fade-enter-active、fade-leave-active等CSS类名实现过渡。运行结果如图7-5所示，单击"清空数据"按钮，过渡显示p标签；单击"重置"按钮，重新加载data中的数据。

图7-5　多元素的过渡

< 135 >

对于具有相同标签名的元素的切换，需要通过 key 特性设置唯一的值来标记，以便Vue 区分它们。读者可以去掉key特性试试效果，实际上，没有key特性就没有过渡动画效果了。

```
1.  <div id="app">
2.    <button @click="show = !show">toggle</button>
3.    <transition name="fade">
4.      <p v-if="show" key="trueMatch">我是小火柴</p>
5.      <p v-else key="falseMatch">我不是小火柴</p>
6.    </transition>
7.  </div>
```

在一些场景中可以给同一个元素的 key 特性设置不同的状态来代替 v-if 和v-else。

```
1.  <transition>
2.    <button v-if="isEditing" key="save">Save</button>
3.    <button v-else key="edit">Edit</button>
4.  </transition>
```

上面的代码可以修改如下。

```
1.  <transition>
2.    <button v-bind:key="isEditing">
3.      {{ isEditing ? 'Save' : 'Edit' }}
4.    </button>
5.  </transition>
```

7.4 多组件的过渡

多组件的过渡简单很多，不需要使用 key 特性，只需要使用动态组件。例7-5为多组件过渡的代码。

【例7-5】多组件的过渡。

```
1.  <!DOCTYPE html>
2.  <html>
3.  <head>
4.      <meta charset="UTF-8">
5.      <meta name="viewport" content="width=device-width, initial-scale= 1.0">
6.      <title>多组件的过渡</title>
7.      <style>
8.          .fade-enter,.fade-leave-to{opacity:0;}
9.          .fade-enter-active,.fade-leave-active{transition: .5s;}
10.     </style>
11. </head>
12. <body>
13.     <div id="app">
14.         <button @click="change">切换页面</button>
15.         <transition name="fade" mode="out-in">
```

< 136 >

```
16.                    <component :is="currentView"></component>
17.        </transition>
18.      </div>
19.    <script src="../js/vue.js"></script>
20.    <script>
21.      new Vue({
22.        el: '#app',
23.        data:{
24.            index:0,
25.            arr:[
26.                    {template:'<div>组件A</div>'},
27.                    {template:'<div>组件B</div>'},
28.                    {template:'<div>组件C</div>'}
29.                ],
30.        },
31.        computed:{
32.                currentView:function(){
33.                        return this.arr[this.index];
34.                }
35.        },
36.        methods:{
37.                change:function(){
38.                    this.index = (++this.index)%3;
39.                }
40.        }
41.      })
42. </script>
43. </body>
44. </html>
```

多组件的过渡使用动态组件is="currentView"，即用当前组件来切换组件，只需要设置切换的动画，使用CSS样式设置name="fade"，为过渡命名，mode="out-in"为过渡的模式。运行结果如图7-6所示。

图 7-6　多组件的过渡

7.5　综合案例

下面用例7-6来说明表格中的过渡与动画。这个案例通过定义过滤器dateFrm，自定义focus、

< 137 >

color，使用v-if、v-for指令以及事件处理，并使用钩子函数beforeEnter、enter、before Leave、leave等来实现过渡与动画。

【例7-6】综合案例：表格中的过渡与动画。

```
1.  <!DOCTYPE html>
2.  <html>
3.  <head>
4.      <meta charset="UTF-8">
5.      <meta name="viewport" content="width=device-width, initial-scale= 1.0">
6.      <meta http-equiv="X-UA-Compatible" content="ie=edge">
7.      <title>斤斗云学堂</title>
8.      <style>
9.          #app {
10.             width: 600px;
11.             margin: 10px auto;
12.         }
13.         .tb {
14.             border-collapse: collapse;
15.             width: 100%;
16.         }
17.         .tb th {
18.             background-color: #ff8c00;
19.             color: white;
20.         }
21.         .tb td,
22.         .tb th {
23.             padding: 5px;
24.             border: 1px solid black;
25.             text-align: center;
26.         }
27.         .add {
28.             padding: 5px;
29.             border: 1px solid black;
30.             margin-bottom: 10px;
31.         }
32.         .del li{
33.         list-style: none;
34.         padding: 10px;
35.          }
36.     .del{
37.         position: absolute;
38.         top:35%;
39.         left: 40%;
40.         width: 300px;
41.         border: 1px solid rgba(0,0,0,0.2);
42.         transition: all 0.5s;
43.     }
44.     </style>
45.     <script src="../js/vue.js"></script>
46. </head>
47. <body>
48.     <div id="app">
```

< 138 >

```
49.          <div class="add">
50.                编号: <input id="id" v-color  v-focus type="text" v-model= "id">
品牌名称: <input v-model="name" type="text">
51.                <button @click="add">添加</button>
52.          </div>
53.          <div>
54.              <table class="tb">
55.                  <tr>
56.                      <th>编号</th>
57.                      <th>品牌名称</th>
58.                      <th>创立时间</th>
59.                      <th>操作</th>
60.                  </tr>
61.                  <tr v-if="list.length <= 0">
62.                      <td colspan="4">没有品牌数据</td>
63.                  </tr>
64.                  <!--加入key="index"时必须把所有参数写完整   -->
65.                  <tr v-for="(item,key,index) in list" :key="index">
66.                      <td>{{item.id}}</td>
67.                      <td>{{item.name}}</td>
68.                      <td>{{item.date | dateFrm("/")}}</td>
69.                      <!-- 使用Vue来注册事件时，我们在DOM元素中是看不到的  -->
70.                      <td><a href="javascript:void(0)" @click="del(item.id)">
删除</a></td>
71.                  </tr>
72.              </table>
73.          </div>
74.          <transition
75.              @before-enter="beforeEnter"
76.              @enter="enter"
77.              @after-enter ="afterEnter"
78.              @before-leave="beforeLeave"
79.              @leave="leave"
80.              @after-leave ="afterLeave"
81.          >
82.              <div class="del" v-show="isshow">
83.                  <ul>
84.                      <li>您确定要删除数据吗? </li>
85.                      <li>
86.                          <button @click="delById">确定</button>
87.                          <button @click="showClose">关闭</button>
88.                      </li>
89.                  </ul>
90.              </div>
91.          </transition>
92.      </div>
93.          <script>
94.  // 使用全局过滤器（公有过滤器）
95.  Vue.filter("dateFrm", function (time,spliceStr) {
96.      // return "2017-11-16";
97.      var date = new Date(time);
98.      //获得年
```

< 139 >

```
99.          var year = date.getFullYear();
100.         // 获得月
101.         var month = date.getMonth() + 1;
102.         // 获得日
103.         var day = date.getDate();
104.         return year + spliceStr + month + spliceStr + day;
105.     });
106.     Vue.directive("focus", {
107.         inserted: function (el) {
108.             // console.log(el);
109.             el.focus();
110.         }
111.     });
112.     Vue.directive("color", {
113.         inserted: function (el) {
114.             el.style.color = "red";
115.         }
116.     });
117.     var vm = new Vue({
118.         el: "#app",
119.         data: {
120.             delId:"",// 用来对要删除数据的id进行保存
121.             isshow:false,
122.             id: 0,
123.             name: '',
124.             list: [
125.                 { "id": 1, "name": "斤斗云学堂", "date": Date() },
126.                 { "id": 2, "name": "在线慕课平台", "date": Date() }
127.             ]
128.         },
129.         methods: {
130.             add: function () {
131.                 //将id和name "push" 到list数组中
132.                 this.list.push({ "id": this.id, "name": this.name, "date":
Date() });
133.             },
134.             del: function (id) {
135.                 this.isshow = true;
136.                 // 将得到的id保存到delId里面
137.                 this.delId = id;
138.             },
139.             beforeEnter:function(el) {
140.                 el.style.offsetTop = "80%";
141.             },
142.             enter:function(el,done) {
143.                 el.offsetHeight;
144.                 el.style.offsetTop = "35%";
145.             },
146.             afterEnter:function(el){
147.
148.             },
149.             beforeLeave:function(el){
```

< 140 >

```
150.                    el.style.offsetTop = "35%";
151.                },
152.                leave:function(el,done){
153.                    el.offsetHeight;
154.                    el.style.offsetTop = "80%";
155.                    setTimeout(function(){
156.                        done();
157.                    },500);
158.                },
159.                afterLeave:function(el){
160.
161.                },
162.                showClose:function(el){
163.                    this.isshow = false;
164.                },
165.                delById:function() {
166.                    _this = this;
167.                    // 根据delId删除对应的数据
168.                    var index = this.list.findIndex(function(item){
169.                        return item.id ==_this.delId;
170.                    });
171.                    this.list.splice(index,1);
172.                    // 关闭删除框
173.                    this.isshow = false;
174.                }
175.            }
176.        });
177.    </script>
178.    </body>
179.    </html>
```

　　例7-6展示了如何将数据输入表格，并对日期进行了过滤格式的设置，输入编号的颜色也使用自定义指令设置为红色。用户在输入编号、品牌名称后单击"添加"按钮，数据会添加到表格中；单击"删除"按钮后代码使用钩子函数实现过渡动画并显示删除确认框，单击"确定"或"关闭"按钮后对话框滑出。运行结果如图7-7所示。

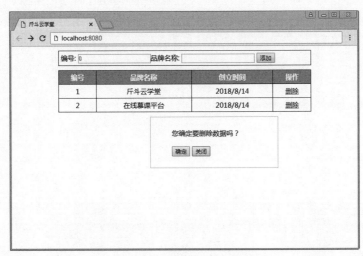

图 7-7　表格中的过渡与动画

< 141 >

本章小结

本章主要讲解了如何实现Vue过渡与动画、实现过渡动画的内置组件transition、过渡的CSS类名、自定义过渡的类名、钩子函数实现过渡动画，从单元素/组件过渡到多元素的过渡、多组件的过渡。使用过渡与动画可以让页面在视觉上给用户带来更好的体验。

习题

7-1　简述过渡与动画的含义及语句。

7-2　简述实现过渡动画的3种方式。

7-3　编写一个过渡与动画的实例。

< 142 >

第8章 渲染函数

Vue渲染函数用于应对模板不容易实现的场景。学习Vue渲染函数需要具备JavaScript编程能力。本章讲解createElement方法及其参数使用，VNode必须唯一，使用渲染函数实现v-if、v-for、v-model及slot、作用域slot。

本章要点

■ 使用渲染函数；

■ createElement方法；

■ 使用JavaScript代替模板功能。

8.1 渲染函数概述

Vue渲染函数就是render函数，render函数会返回一个VNode，VNode是JavaScript对象，是DOM的映射。要想理解Vue渲染函数，首先需要了解Vue的虚拟DOM。

渲染函数
概述

8.1.1 从虚拟DOM了解Vue渲染函数

虚拟DOM的工作是将浏览器DOM节点的所有信息映射到一个JavaScript对象上，因为JavaScript代码本身运行速度是很快的，但是DOM操作本身运行速度很慢。把DOM的信息映射到JavaScript对象后，至少在应当获取DOM信息时不需要遍历DOM，而DOM操作一直是JavaScript优化的重点。在使用虚拟DOM后，开发者不需要自己操作DOM，关于DOM的操作都会由虚拟DOM完成，而且虚拟DOM一定会以最优方案来进行操作。虚拟DOM的重点是构建一个浏览器DOM的信息拷贝树，信息拷贝树必须包含所有DOM节点的节点副本，这些节点副本叫作VNode。

虚拟DOM还有一个好处就是Vue会把所有的DOM操作缓存到一个队列，在缓存时去除重复数据，这对于避免不必要的计算和DOM操作非常重要。

我们使用Vue时所有的操作都针对Vue的虚拟DOM，也就是VNode，然后Vue将虚拟

DOM的变化更新到真实DOM。VNode可以由用户自己创建，然后Vue将用户创建的VNode更新到真实DOM上，这样操作起来更自由、权限更大。创建VNode的方法是createElement，如createElement(tag,{},[])或createElement(tag,{},String)，其中tag是创建元素的标签名，{}是创建元素的属性，[]是创建元素的子元素列表，String是文本。（具体内容我们会在8.2节中讲解。）

8.1.2　为什么使用渲染函数

下面通过一个示例来分析为什么使用渲染函数。例8-1所示代码中注册了一个名叫anchored-heading的全局组件，其模板是id="anchored-heading-template"，模板里使用了判断，根据level的值从h1~h6中选择head的尺寸，同时使用slot分发内容；组件中使用了props，父组件给子组件传递参数level，同时还做了props验证，level必须是Number类型。例8-1和例8-2演示了使用渲染函数的好处。

【例8-1】不使用渲染函数。

```
1.   <!DOCTYPE html>
2.   <html lang="en">
3.   <head>
4.       <meta charset="UTF-8">
5.       <title>斤斗云在线课堂</title>
6.   </head>
7.   <body>
8.   <div id="app">
9.       <h1>
10.          <a name="hello-world" href="#hello-world">
11.              Hello world!
12.          </a>
13.      </h1>
14.      <anchored-heading :level="1">
15.        <a name="title" href="#title">
16.              Hello world!
17.        </a>
18.      </anchored-heading>
19.  </div>
20.  <script type="text/x-template" id="anchored-heading-template">
21.      <div>
22.          <h1 v-if="level === 1">
23.              <slot></slot>
24.          </h1>
25.          <h2 v-if="level === 2">
26.              <slot></slot>
27.          </h2>
28.          <h3 v-if="level === 3">
29.              <slot></slot>
30.          </h3>
31.          <h4 v-if="level === 4">
32.              <slot></slot>
33.          </h4>
34.          <h5 v-if="level === 5">
35.              <slot></slot>
36.          </h5>
```

< 144 >

```
37.            <h6 v-if="level === 6">
38.                <slot></slot>
39.            </h6>
40.        </div>
41. </script>
42. <script src="../js/vue.js"></script>
43. <script>
44.     Vue.component('anchored-heading', {
45.         template: '#anchored-heading-template',
46.         props: {
47.             level: {
48.                 type: Number,
49.                 required: true
50.             }
51.         }
52.     })
53.     new Vue({
54.         el: '#app'
55.     })
56. </script>
57. </body>
58. </html>
```

代码运行后执行h1标题格式，如图8-1所示。如果把代码第14行修改为anchored-heading :level="5"，再次运行代码则执行h5标题格式，如图8-2所示。

图 8-1　h1 标题格式

图 8-2　h5 标题格式

如上代码根据参数level显示不同级别的标题，插入锚定元素需要重复使用<slot></slot>来实现内容分发。虽然模板在大多数组件中都非常好用，但是在这里它并不简洁。为了解决这个问题，Vue提供了渲染函数。

Vue推荐用户在绝大多数情况下使用template来创建HTML，然而一些功能需要动态生成DOM，这就需要使用JavaScript来编程实现，这时就需要使用render函数。

```
1. Vue.component('组件名', {
2.   render: function (createElement) {
3.     return createElement(参数)
4.   }
5. })
```

如果使用渲染函数重写例8-1的代码，会是什么样子呢？重写后代码如例8-2所示。

< 145 >

【例8-2】使用渲染函数。

```
1.  <!DOCTYPE html>
2.  <html lang="en">
3.  <head>
4.      <meta charset="UTF-8">
5.      <title>斤斗云在线课堂</title>
6.  </head>
7.  <body>
8.  <div id="app">
9.      <h1>
10.         <a name="hello-world" href="#hello-world">
11.             Hello world!
12.         </a>
13.     </h1>
14.     <anchored-heading :level="1"> <a name="title" href="#title"> Hello
world!</a></anchored-heading>
15.     <anchored-heading :level="2"><a name="title" href="#title"> Hello
world!</a></anchored-heading>
16.     <anchored-heading :level="3"><a name="title" href="#title"> Hello
world!</a></anchored-heading>
17. </div>
18. <script src="../js/vue.js"></script>
19. <script>
20.     Vue.component('anchored-heading', {
21.         template: '#anchored-heading-template',
22.         render: function (createElement) {   //使用渲染函数
23.             return createElement(
24.                 'h' + this.level,    // 标签名称
25.                 this.$slots.default // 子组件中的阵列
26.             )
27.         },
28.         props: {
29.             level: {
30.                 type: Number,
31.                 required: true
32.             }
33.         }
34.     })
35.     new Vue({
36.         el: '#app'
37.     })
38. </script>
39. </body>
40. </html>
```

例8-2没有显示模板内容，而是通过render函数生成，使用了createElement方法。代码在第14行～第16行中分别使用组件anchored-heading并传入参数level="1"、level="2"、level="3"，以此渲染了3个不同级别的标题，运行结果如图8-3所示。例8-2代码相对例8-1简单了很多，这就是渲染函数的功劳。例8-2代码不再使用slot属性向组件传递内容，如 anchored-heading 中的内容，这些子元素被存储在组件实例的 $slots.default中。

< 146 >

图 8-3　使用渲染函数

8.2　createElement方法

8.2.1　createElement方法参数

create
Element
方法

createElement方法通过render函数的参数传递进来，如createElement(tag,{},[])
或createElement (tag,{},String)。createElement方法总共有3个参数，tag是必选参数，
后面两个参数都是可选的。

（1）第1个参数tag（必选）（String、Object、Function）：主要用于提供DOM的HTML内容，
类型可以是字符串、对象或函数。例8-3为使用实例。

【例8-3】使用createElement方法的第1个参数。

```
1.  <!DOCTYPE html>
2.  <html lang="en">
3.  <head>
4.      <meta charset="UTF-8">
5.      <title>render</title>
6.      <script src="../js/vue.js"></script>
7.  </head>
8.  <body>
9.      <div id="app">
10.         <elem></elem>
11.     </div>
12.     <script>
13.         Vue.component('elem', {
14.             render: function(createElement) {
15.                 return createElement('div');//一个HTML标签字符
16.                 /*return createElement({
17.                     template: '<div></div>'//组件选项对象
18.                 });*/
19.                 /*var func = function() {
20.                     return {template: '<div></div>'}
```

< 147 >

```
21.                      };
22.                      return createElement(func());//一个返回HTML标签字符或组件选项
对象的函数*/
23.                  }
24.              });
25.              new Vue({
26.                  el: '#app'
27.              });
28.          </script>
29.      </body>
30.  </html>
```

代码运行后return createElement('div')在页面上渲染了一个div标签，如图8-4所示。

图 8-4 createElement 方法的第 1 个参数

（2）第2个参数（可选）（Object）：用于设置DOM的样式、属性，传递组件的参数、绑定事件等。例8-4为使用实例。

【例8-4】使用createElement方法的第2个参数。

```
1.   <!DOCTYPE html>
2.   <html lang="en">
3.   <head>
4.       <meta charset="UTF-8">
5.       <title>render</title>
6.       <script src="../js/vue.js"></script>
7.   </head>
8.   <body>
9.       <div id="app">
10.          <elem></elem>
11.      </div>
12.      <script>
13.          Vue.component('elem', {
14.              render: function(createElement) {
15.                  return createElement('div', {//一个包含模板相关属性的数据对象
16.                      'class': {
17.                          foo: true,
18.                          bar: true
19.                      },
20.                      style: {
21.                          color: 'gray',
22.                          fontSize: '14px'
23.                      },
```

< 148 >

```
24.                    attrs: {
25.                        id: 'foo'
26.                    },
27.                    domProps: {
28.                        innerHTML: '演示createElement的第2个参数'
29.                    }
30.                });
31.            }
32.        });
33.        new Vue({
34.            el: '#app'
35.        });
36.    </script>
37. </body>
38. </html>
```

代码运行后在页面上渲染了一个div标签，并且增加了id属性、class属性、style行内样式及innerHTML的内容，如图8-5所示。

图 8-5　createElement 方法的第 2 个参数

（3）第3个参数（可选）（String、Array）：主要指该节点下还有其他节点，用于设置分发的内容，包括新增的其他组件。注意，组件树中的VNode必须是唯一的。例8-5为使用实例。

【例8-5】使用createElement方法的第3个参数。

```
1.  <!DOCTYPE html>
2.  <html lang="en">
3.  <head>
4.      <meta charset="UTF-8">
5.      <title>render</title>
6.      <script src="../js/vue.js"></script>
7.  </head>
8.  <body>
9.      <div id="app">
10.         <elem></elem>
11.     </div>
12.     <script>
13.         Vue.component('elem', {
14.             render: function(createElement) {
15.                 var self = this;
16.                 // return createElement('div', '文本');//使用字符串生成文本节点
17.                 return createElement('div', [//由createElement函数构建而成的数组
18.                     createElement('h1', '主标'),//createElement函数返回VNode对象
19.                     createElement('h2', '副标')
```

< 149 >

```
20.                        ]);
21.                    }
22.                });
23.            new Vue({
24.                el: '#app'
25.            });
26.        </script>
27. </body>
28. </html>
```

代码运行后在页面上渲染了一个div标签，并渲染了两个标题对象h1、h2，如图8-6所示。

在使用过程中，我们发现模板与render函数相比写法更简单、可读性更高。在业务中，开发效率是第一位的，绝大部分业务都是通过模板完成的。但如果对模板使用webpack编译，模板都会被预编译为render函数。

【例8-6】使用模板与使用render函数对比。

图 8-6　createElement 方法的第 3 个参数

```
1.  <!DOCTYPE html>
2.  <html lang="en">
3.  <head>
4.      <meta charset="UTF-8">
5.      <title>render</title>
6.      <script src="../js/vue.js"></script>
7.  </head>
8.  <body>
9.      <div id="app">
10.         <ele></ele>
11.     </div>
12.     <script>
13.         /*Vue.component('ele', {
14.             template: '<div id="elem" :class="{show: show}" @click=
"handleClick">文本</div>',
15.             data: function() {
16.                 return {
17.                     show: true
18.                 }
19.             },
20.             methods: {
21.                 handleClick: function() {
22.                     console.log('clicked!');
23.                 }
24.             }
25.         });*/
26.         Vue.component('ele', {
27.             render: function(createElement) {
28.                 return createElement('div', {
29.                     'class': {
30.                         show: this.show
```

< 150 >

```
31.                      },
32.                      attrs: {
33.                          id: 'elem'
34.                      },
35.                      on: {
36.                          click: this.handleClick
37.                      }
38.                  }, '文本');
39.              },
40.              data: function() {
41.                  return {
42.                      show: true
43.                  }
44.              },
45.              methods: {
46.                  handleClick: function() {
47.                      console.log('clicked!');
48.                  }
49.              }
50.          });
51.          new Vue({
52.              el: '#app'
53.          });
54.      </script>
55. </body>
56. </html>
```

　　读者通过例8-6可理解template和render怎么创建相同效果的组件，并可更好地理解render函数的使用场景。在指令不能满足业务的具体需求时，可选择使用render函数。

8.2.2　VNode必须唯一

　　官方提示VNode必须唯一，也就是一个VNode只能用在一个地方。

```
1.  render: function (createElement) {
2.    var myParagraphVNode = createElement('p', 'hi')
3.    return createElement('div', [
4.      myParagraphVNode, myParagraphVNode
5.    ])
6.  }
```

　　这里的myParagraphVNode被使用于div中的两个VNode，这种用法是不行的。要想使用两个VNode，只能创建两个VNode对象，而不是指向同一个VNode对象，如例8-7所示。

　　【例8-7】VNode必须唯一。

```
1.  <!DOCTYPE html>
2.  <html lang="en">
3.  <head>
4.      <meta charset="UTF-8">
5.      <title> VNode必须唯一</title>
```

< 151 >

```
6.        <script src="../js/vue.js"></script>
7.   </head>
8.   <body>
9.        <!-- VNode必须唯一 -->
10.       <div id="app">
11.           <ele></ele>
12.       </div>
13.       <script>
14.           var myParagraphVNode = {
15.               render: function(createElement) {
16.                   return createElement('p', 'hi');
17.               }
18.           };
19.           /*Vue.component('ele', {
20.               render: function(createElement) {
21.                   var childNode = createElement(myParagraphVNode);
22.                   return createElement('div', [
23.                       childNode, childNode//VNode必须唯一，渲染失败
24.                   ]);
25.               }
26.           });*/
27.           Vue.component('ele', {
28.               render: function(createElement) {
29.                   return createElement('div',
30.                       Array.apply(null, {
31.                           length: 2
32.                       }).map(function() {
33.                           return createElement(myParagraphVNode)//正确写法
34.                       })
35.                   );
36.               }
37.           });
38.           new Vue({
39.               el: '#app'
40.           })
41.       </script>
42.  </body>
43.  </html>
```

8.3 使用JavaScript代码实现模板功能

　　开发者在使用Vue模板时可以灵活使用v-if、v-for、v-model等指令和slot，但render函数没有提供专用API。如果想在render函数中使用这些模板功能，需要使用原生的JavaScript代码来实现。

使用 JavaScript 代码实现模板功能

< 152 >

8.3.1　v-if和v-for

在render函数中可以使用if/else和map来实现template中的v-if和v-for，示例如下。

```
1.  <ul v-if="items.length">
2.  <li v-for="item in items">{{ item }}</li>
3.  </ul>
4.  <p v-else>No items found.</p>
```

换成render函数，可以这样写：

```
1.  Vue.component('item-list',{
2.  props: ['items'],
3.  render: function (createElement)
4.    {
5.      if (this.items.length) {
6.          return createElement('ul', this.items.map((item) => {
7.            return createElement('item')
8.      }))
9.    } else {
10.     return createElement('p', 'No items found.')
11.   }
12.   }
13. })
14. <div id="app">
15.   <item-list :items="items"></item-list>
16. </div>
17. <script>
18. new Vue({
19. el: '#app',
20.   data () {
21.       return { items: ['瑜伽', '跑步', '读书'] }
22.       }
23. })
24. </script>
```

8.3.2　v-model

在render函数中v-model指令也需要使用原生JavaScript代码来实现，如例8-8所示。
【例8-8】使用render函数实现v-model指令。

```
1.  <!DOCTYPE html>
2.  <html lang="en">
3.  <head>
4.      <meta charset="UTF-8">
5.      <title>render函数</title>
6.      <script src="../js/vue.js"></script>
7.  </head>
8.  <body>
9.      <div id="app">
```

< 153 >

```
10.            <el-input :name="name" @input="val=>name=val"></el-input>
11.            <div>您学习的平台是: {{name}}</div>
12.        </div>
13.        <script>
14.            Vue.component('el-input', {
15.                render: function(createElement) {
16.                    var self = this;
17.                    return createElement('input', {
18.                        domProps: {
19.                            value: self.name
20.                        },
21.                        on: {
22.                            input: function(event) {
23.                                self.$emit('input', event.target.value);
24.                            }
25.                        }
26.                    })
27.                },
28.                props: {
29.                    name: String
30.                }
31.            });
32.            new Vue({
33.                el: '#app',
34.                data: {
35.                    name: '斤斗云在线课堂'
36.                }
37.            });
38.        </script>
39.    </body>
40. </html>
```

例8-8中的代码运行后可实现数据双向绑定，运行结果如图8-7所示。

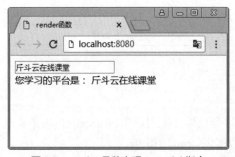

图 8-7 render 函数实现 v-model 指令

8.3.3 slot

render函数可以从this.$slots获取VNode列表中的静态内容，如例8-9所示。

【例8-9】从this.$slots获取VNode列表中的静态内容。

```
1.  <!DOCTYPE html>
```

< 154 >

```
2.   <html lang="en">
3.   <head>
4.       <meta charset="UTF-8">
5.       <title>render</title>
6.       <script src="../js/vue.js"></script>
7.   </head>
8.   <body>
9.       <div id="app">
10.          <blog-post>
11.              <h1 slot="header"><span>可以从this.$slots获取VNode列表中的静态内容
</span></h1>
12.                  <p>这里是一个段落</p>
13.                  <p slot="footer">版权所有</p>
14.                  <p>这里是另一个段落</p>
15.          </blog-post>
16.      </div>
17.      <script>
18.          Vue.component('blog-post', {
19.              render: function(createElement) {
20.                  var header = this.$slots.header,//返回由VNode组成的数组
21.                      body = this.$slots.default,
22.                      footer = this.$slots.footer;
23.                  return createElement('div', [
24.                      createElement('header', header),
25.                      createElement('main', body),
26.                      createElement('footer', footer)
27.                  ])
28.              }
29.          });
30.          new Vue({
31.              el: '#app'
32.          });
33.      </script>
34. </body>
35. </html>
```

　　this.$slots.header获取header插槽的值，this.$slots.default获取default插槽中的默认值，运行结果如图8-8所示。

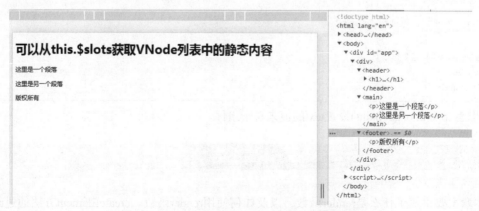

图 8-8　从 this.$slots 获取 VNode 列表中的静态内容

< 155 >

8.3.4 作用域slot

render函数可以从this.$scopedSlots中获得能用作函数的作用域slot并返回VNode，如例8-10所示。

【例8-10】使用this.$scopedSlots作用域slot。

```
1.  <!DOCTYPE html>
2.  <html>
3.  <head>
4.      <meta charset="UTF-8">
5.      <title>render</title>
6.      <script src="../js/vue.js"></script>
7.  </head>
8.  <body>
9.      <div id="app">
10.         <ele>
11.             <template scope="props">
12.                 <span>{{props.text}}</span>
13.             </template>
14.         </ele>
15.     </div>
16.     <script>
17.         Vue.component('ele', {
18.             render: function(createElement) {
19.                 // 相当于<div><slot :text="msg"></slot></div>
20.                 return createElement('div', [
21.                     this.$scopedSlots.default({
22.                         text: this.msg
23.                     })
24.                 ]);
25.             },
26.             data: function() {
27.                 return {
28.                     msg: '来自子组件'
29.                 }
30.             }
31.         });
32.         new Vue({
33.             el: '#app'
34.         });
35.     </script>
36. </body>
37. </html>
```

this.$scopedSlots.default()设置text的值来自子组件。

本章小结

本章主要讲解了什么是render函数，以及如何使用render函数。createElement方法通过render函数的3个参数传递进来，本章分别演示了3个参数的使用方法。VNode必须唯一，一个VNode只

< 156 >

能用在一个地方。本章也讲解了在render函数中如何使用v-if、v-for、v-model等指令，以及如何编写slot。

习题

8-1　请说明在什么情况下需使用render函数。

8-2　编写一个使用render函数的实例。

8-3　编写render函数实现向子组件中传递作用域slot。

< 157 >

第9章 Vue Router

Vue Router是Vue官方的路由，与Vue深度集成，适用于构建单页面应用。Vue的单页面应用是基于路由和组件的，路由用于设定访问路径，并将路径和组件相互映射。本章重点讲解路由的使用、路由嵌套、参数传递，以及工程化项目中路由的具体应用。一起来学习吧。

本章要点

- ■ 传递参数及获取参数；
- ■ 命名视图和导航钩子；
- ■ 子路由；
- ■ 元数据及路由匹配；
- ■ 手动访问和传递参数；
- ■ 工程化Vue项目中路由的使用。

9.1 路由安装和使用

在没有使用路由时，页面的跳转要么由后台进行管控，要么用a标签写链接来完成。在使用Vue Router后，用户可以自定义组件路由之间的跳转，还可以设置稍复杂的嵌套路由，创建真正的单页面应用。

Vue 路由安装和使用、传递参数及获取参数

1. 直接引入

```
1.  <script src="vue.js"></script>
2.  <script src="vue-router.js"></script>
```

2. NPM下载

```
npm install vue-router
```

如果想在一个模块化项目中使用Vue Router，用户必须通过Vue.use()安装路由，即在src文件夹下的 main.js 文件中写入以下代码。

```
1.  import Vue from 'vue'
2.  import VueRouter from 'vue-router'
3.  Vue.use(VueRouter)
```

下面演示Vue Router的使用。首先引入Vue和VueRouter插件，编写HTML代码。其中，router-view标签相当于一个插槽，用于将匹配到的组件渲染出来，在跳转至某个路由时，该路由下的页面就在这个插槽中渲染并显示。例9-1所示为Vue路由。

【例9-1】Vue路由。

```
1.  <!DOCTYPE html>
2.  <html lang="en">
3.  <head>
4.      <meta charset="UTF-8">
5.      <title>Vue路由Demo</title>
6.  </head>
7.  <body>
8.
9.  <div id="app">
10.     <div>
11.         <router-link to="/">首页</router-link>
12.         <router-link to="/about">关于我们</router-link>
13.     </div>
14.     <div>
15.         <router-view></router-view>
16.     </div>
17. </div>
18. <script src="../js/vue.js"> </script>
19. <script src="../js/vue-router.js"></script>
20. <script src="../js/app.js"></script>
21. </body>
22. </html>
```

编写JavaScript代码，使用独立的app.js文件保存。

```
1.  var routes=[
2.      {
3.          path:'/',
4.          component:{
5.              template: '<div><h1>首页</h1></div>'
6.          }
7.      },
8.      {
9.          path:'/about',
10.         component:{
11.             template:'<div><h1>关于我们</h1></div>'
12.         }
13.     }
14. ];
15. var router=new VueRouter({
16.     routes:routes
17. });
```

< 159 >

```
18. new Vue({
19.     el:'#app',
20.     router:router
21. })
```

Vue Router使整个应用被拆分成独立的组件。在使用Vue Router时，我们需要做的就是把路由映射到各个组件，Vue Router会把各个组件渲染到正确的地方，<router-link to="/about">令组件跟path所定义的数据相匹配，实现相应的跳转。运行结果如图9-1所示。

图 9-1 Vue 路由

router-link标签主要用于实现跳转链接功能，属性to="/"即跳转到path为"/"的路径（例9-1中配置了路径为"/"和"/about"的路由）。

9.2 传递参数及获取参数

Vue Router在做路径匹配时支持动态片段、全匹配片段以及查询参数，片段指统一资源定位符（Uniform Resource Locator，URL）的一部分。对于解析过的路由，这些信息都可以通过路由上下文对象（从现在起称其为路由对象）访问。在使用了Vue Router的应用中，路由对象会被注入每个组件，赋值为this.$route，并且当路由切换时，路由对象会被更新。

路由对象包含以下属性。

（1）$route.path：字符串，即当前路由对象的路径，会被解析为绝对路径，如"/foo/ bar"。

（2）$route.params：对象，包含路由中的动态片段和全匹配片段的键值对。

（3）$route.query：对象，包含路由中查询参数的键值对。例如，对于"/foo?user=1"，会得到"$route.query.user==1"。

（4）$route.router：路由规则所属的路由（及其所属的组件）。

（5）$route.matched：数组，包含当前匹配的路径中的所有片段对应的配置参数对象。

（6）$route.name：当前路径的名字。

9.2.1 路由传递参数

路由传递参数可以使用"path:'/路径/:参数名'"，如使用"path:'type/:id'"，获取参数的方法

< 160 >

为 "$route.params.id"。

```
1.  {
2.          path:'/type/:id',
3.          name:'id1',
4.          component:{
5.              template:'<div><h1>编号已经收到{{$route.params.id}}{{$route.query.search}}可以从后台访问数据</h1></div>'
6.              }
7.  },
8.  //最后在模板里（src/components/id1.vue）用$route.params.id进行接收
9.  {{$route.params.id}}
```

例9-2所示为路由传递参数。

【例9-2】路由传递参数。

```
1.  <!DOCTYPE html>
2.  <html lang="en">
3.  <head>
4.      <meta charset="UTF-8">
5.      <title>Vue路由安装和基本配置</title>
6.  </head>
7.  <body>
8.
9.  <div id="app">
10.     <div>
11.         <router-link to="/">首页</router-link>
12.         <router-link to="/type/1">新闻</router-link>
13.         <router-link to="/type/2">娱乐</router-link>
14.         <router-link to="/about">关于我们</router-link>
15.     </div>
16.     <div>
17.         <router-view></router-view>
18.     </div>
19. </div>
20. <script src="../js/vue.js"> </script>
21. <script src="../js/vue-router.js"></script>
22. <script src="../js/app_1.js"></script>
23. </body>
24. </html>
```

JavaScript代码如下。

```
1.  /**
2.   * Created by wf on 2018/3/20.
3.   */
4.  var routes=[
5.      {
6.          path:'/',
7.          component:{
8.              template: '<div><h1>首页</h1></div>'
9.          }
```

< 161 >

```
10.      },
11.      {
12.          path:'/about',
13.          component:{
14.              template:'<div><h1>关于我们</h1></div>'
15.          }
16.      },
17. {
18.      //path:'/路径/:参数名'
19.      path:'/type/:id',
20.          component:{
21.              template:'<div><h1>编号已经收到{{$route.params.id}}  {{$route.query.search}}可以从后台访问数据</h1></div>'
22.          }
23.      },
24. ];
25.
26. var router=new VueRouter({
27.     routes:routes
28. });
29.
30. new Vue({
31.     el:'#app',
32.     router:router
33. })
```

例9-2运行后，单击"娱乐"，根据路由"<router-link to="/type/2">娱乐</router-link>"中的"/type/2"切换到组件"path:'/type/:id'"，动态路由匹配id时自动匹配"2"，"{{$route.params.id}}"获取id的值。运行结果如图9-2所示。

图 9-2　路由传递参数

9.2.2 地址栏传递参数

Vue Router可利用地址栏传递参数，它可在地址栏中传入"?key=value"后，在组件中通过"$route. query.search"获取参数。

```
1.   {
2.       path:'/type/:id',
```

< 162 >

```
3.          component:{
4.              template:'<div><h1>编号已经收到{{$route.params.id}}{{$route.query.
search}}可以从后台访问数据</h1></div>'
5.          }
6.  }
```

如果在地址栏中传入要查询的参数"?search=迪丽热巴",运行结果如图9-3所示。

图 9-3　地址栏传递参数

9.3　子路由

子路由是在原路由的基础上增加一个children（children 是一个数组），并且需要在原来的组件上添加router-view标签来渲染children的路由。

子路由、命名视图、元数据

9.3.1　创建子路由

可以在父组件里写子组件，并设置"path:'more'"，以显示更多信息。

```
1.  children:[
2.          {
3.              path:'more',
4.              component:{
5.                  template:'<div>{{$route.params.id}}的详细信息 </div>'
6.              }
7.          }
8.  ]
```

实例如例9-3所示。
【例9-3】创建子路由。

```
1.  <!DOCTYPE html>
2.  <html lang="en">
3.  <head>
4.      <meta charset="UTF-8">
5.      <title>Vue路由子路由</title>
6.  </head>
```

< 163 >

```
7.  <body>
8.
9.  <div id="app">
10.     <div>
11.         <router-link to="/">首页</router-link>
12.         <router-link to="/type/1">新闻</router-link>
13.         <router-link to="/type/2">娱乐</router-link>
14.         <router-link to="/about">关于我们</router-link>
15.     </div>
16.     <div>
17.         <router-view></router-view>
18.     </div>
19. </div>
20. <script src="../js/vue.js"> </script>
21. <script src="../js/vue-router.js"></script>
22. <script src="../js/app_2.js"></script>
23. </body>
24. </html>
```

JavaScript代码如下。

```
1.  var routes=[
2.      {
3.          path:'/',
4.          component:{
5.              template: '<div><h1>首页</h1></div>'
6.          }
7.      },
8.      {
9.          path:'/about',
10.         component:{
11.             template:'<div><h1>关于我们</h1></div>'
12.         }
13.     },
14.     {
15.         path:'/type/:id',
16.         component:{
17.             template:'<div>' +
18.             '<h1>编号已经收到{{$route.params.id}}</h1>' +
19.             '<router-link to="more" append>显示全部</router-link>' +
20.             '<router-view></router-view>' +
21.             '</div>'
22.         },
23.         children:[
24.             {
25.                 path:'more',
26.                 component:{
27.                     template:'<div>{{$route.params.id}}的详细信息 </div>'
28.                 }
29.             }
30.         ]
31.     }
```

< 164 >

```
32. ];
33.
34. var router=new VueRouter({
35.     routes:routes
36. });
37.
38. new Vue({
39.     el:'#app',
40.     router:router
41. })
```

例9-3在"path:'/type/:id'"下创建了children
组件。单击"新闻"显示id为1的内容,同时
页面上会出现一个子路由"显示全部",单
击"显示全部",则页面会显示子路由所定
义的内容。运行结果如图9-4所示。

图 9-4　创建子路由

9.3.2　路由切换组件

若想导航到不同的 URL,则可以使用方法router.push(location)。该方法的参数可以是一个字符串路径,也可以是一个描述地址的对象。

```
1.  // 字符串
2.  router.push('home')
3.
4.  // 对象
5.  router.push({ path: 'home' })
6.
7.  // 带查询参数,变成 /register?plan=private
8.  router.push({ path: 'register', query: { plan: 'private' }})
9.
10. // 命名的路由
11. router.push({name:'type',params:{id:2}});
```

实例如例9-4所示。

【例9-4】路由切换组件。

```
1.  <!DOCTYPE html>
2.  <html lang="en">
3.  <head>
4.      <meta charset="UTF-8">
5.      <title>路由切换组件</title>
6.  </head>
7.  <body>
8.
9.  <div id="app">
10.     <div>
11.         <router-link to="/">首页</router-link>
12.         <router-link to="/type/1">新闻</router-link>
```

< 165 >

```
13.         <router-link to="/type/2">娱乐</router-link>
14.         <router-link to="/about">关于我们</router-link>
15.         <button @click="change">切换</button>
16.     </div>
17.     <div>
18.         <router-view></router-view>
19.     </div>
20. </div>
21. <script src="../js/vue.js"> </script>
22. <script src="../js/vue-router.js"></script>
23. <script src="../js/app_3.js"></script>
24. </body>
25. </html>
```

JavaScript代码如下。

```
1.  var routes=[
2.      {
3.          path:'/',
4.          component:{
5.              template: '<div><h1>首页</h1></div>'
6.          }
7.      },
8.      {
9.          path:'/about',
10.         component:{
11.             template:'<div><h1>关于我们</h1></div>'
12.         }
13.     },
14.     {
15.         path:'/type/:id',
16.         name:'type',
17.         component:{
18.             template:'<div>' +
19.             '<h1>编号已经收到{{$route.params.id}}</h1>' +
20.             '<router-link to="more" append>显示全部</router-link>' +
21.             '<router-view></router-view>' +
22.             '</div>'
23.         },
24.         children:[
25.             {
26.                 path:'more',
27.                 component:{
28.                     template:'<div>{{$route.params.id}}的详细信息 </div>'
29.                 }
30.             }
31.         ]
32.     }
33. ];
34.
35. var router=new VueRouter({
36.     routes:routes
37. });
```

< 166 >

```
38.
39. new Vue({
40.     el:'#app',
41.     router:router,
42.     methods:{
43.         //切换组件处理函数
44.         change:function(){
45.             setTimeout(function(){
46.                 //导航到不同的 URL，则使用方法router.push(location)
47.                 // 字符串
48.                 this.router.push('/about');
49.                 setTimeout(function(){
50.                     // this.router.push('/type/1')
51.                     // 命名的路由
52.                     this.router.push({name:'type',params:{id:2}});
53.                 },2000)
54.             },2000)
55.         }
56.     }
57. })
```

例9-4在"path:'/type/:id'"里定义了一个"name:
'type'"，即在Vue里写了一个切换的方法调用；this.
router.push({name:'type',params:{id:2}})通 过name
获取name为type、参数id为2的内容；这里还写
了一个切换的方法，单击"切换"按钮会自动
跳转路由组件。代码运行后单击"切换"按钮，
导航自动切换组件到"type/2"。运行结果如
图9-5所示。

图 9-5　路由切换组件

9.4　命名视图和导航钩子

9.4.1　命名视图

命名路由即为路由定义不同的名字，以方便根据名字进行匹配。给不同的router-view定义名
字后，router-link通过名字进行对应组件的渲染。

命名视图即在单个路由中定义多个组件的名称。我们以前用component对应一个组件的名
称，现在对应多个组件的名称则用components。

```
1.  var routes=[
2.      {
3.          path:'/user',
4.          components:{
5.              //命名视图
```

< 167 >

```
6.          sidebar:{
7.              template:'<div><ul><li>用户列表</li><li>权限管理</li> </ul></div>'
8.          },
9.          content:{
10.             template:'<div>详细信息</div>'
11.         }
12.     }
13.     }
14. ]
```

实例如例9-5所示。

【例9-5】命名视图。

```
1.  <!DOCTYPE html>
2.  <html lang="en">
3.  <head>
4.      <meta charset="UTF-8">
5.      <title>Vue路由命名视图</title>
6.  </head>
7.  <body>
8.
9.  <div id="app">
10.     <div>
11.         <router-link to="/user">用户管理</router-link>
12.         <router-link to="/post">帖子管理</router-link>
13.
14.     </div>
15.     <div>
16.         <router-view></router-view>
17.         <router-view name="sidebar"></router-view>
18.         <router-view name="content"></router-view>
19.     </div>
20. </div>
21. <script src="../js/vue.js"> </script>
22. <script src="../js/vue-router.js"></script>
23. <script src="../js/app_4.js"></script>
24. </body>
25. </html>
```

JavaScript代码如下。

```
1.  var routes=[
2.      {
3.          path:'/user',
4.          components:{
5.          sidebar:{
6.              template:'<div><ul><li>用户列表</li><li>权限管理</li> </ul></div>'
7.          },
8.          content:{
9.              template:'<div>详细信息</div>'
10.         }
11.     }
```

< 168 >

```
12.        },
13.        {
14.            path:'/post',
15.            components:{
16.                sidebar:{
17.                    template:'<div><ul><li>帖子列表</li><li>标签管理</li> </ul></div>'
18.                },
19.                content:{
20.                    template:'<div>详细信息</div>'
21.                }
22.            }
23.        }
24. ];
25.
26. var router=new VueRouter({
27.     routes:routes
28. });
29.
30. new Vue({
31.     el:'#app',
32.     router:router
33. })
```

例9-5给不同的router-view定义了名字，如name="sidebar"、name="content"，路由名称对应多个组件的名称。用户在地址栏输入post后，页面自动切换到帖子管理；输入user后，页面自动切换到用户管理。运行结果如图9-6所示。

图9-6　命名视图

9.4.2　导航钩子

Vue Router提供的导航钩子主要用来拦截导航，让它完成跳转或取消跳转。Vue Router有多种方式可以在路由导航发生时执行钩子，这里主要介绍全局钩子。

全局钩子的示例代码如下。

```
1.  //定义一个路由
2.  const router = new VueRouter({ … })
3.
4.  // 导航前调用
5.  router.beforeEach((to, from, next) => {
6.    // …
7.  })
8.  // 导航后调用
9.  router.afterEach(route => {
10.   // …
11. })
```

当一个导航触发时，全局的before钩子按照创建顺序被调用。钩子是异步解析执行的，导航

< 169 >

在所有钩子释放完之前一直处于等待状态。

每个钩子方法接收以下3个参数。

（1）to：即将进入的目标路由。

（2）from：当前导航正要离开的路由。

（3）next：一定要调用该方法来释放钩子，执行效果依赖next方法的调用参数。

实例如例9-6所示。

【例9-6】没有登录不能访问用户管理。

```
1.  <!DOCTYPE html>
2.  <html lang="en">
3.  <head>
4.      <meta charset="UTF-8">
5.      <title>Vue路由演示配置没有登录不能访问用户管理</title>
6.  </head>
7.  <body>
8.
9.  <div id="app">
10.     <div>
11.         <router-link to="/">首页</router-link>
12.         <router-link to="/user">用户管理</router-link>
13.         <router-link to="/post">帖子管理</router-link>
14.         <router-link to="/login">登录</router-link>
15.     </div>
16.     <div>
17.         <router-view></router-view>
18.     </div>
19. </div>
20. <script src="../js/vue.js"> </script>
21. <script src="../js/vue-router.js"></script>
22. <script src="../js/app_6.js"></script>
23. </body>
24. </html>
```

JavaScript代码如下。

```
1.  var routes=[
2.      {
3.          path:'/',
4.          component:{
5.              template: '<div><h1>首页</h1></div>'
6.          }
7.      },
8.      {
9.          path:'/user',
10.         components:{
11.             sidebar:{
12.                 template:'<div><ul><li>用户列表</li><li>权限管理</li></ul> </div>'
13.             },
14.             content:{
15.                 template:'<div>详细信息</div>'
```

< 170 >

```
16.                    }
17.                }
18.         },
19.         {
20.             path:'/post',
21.             components:{
22.                 sidebar:{
23.                     template:'<div><ul><li>帖子列表</li><li>标签管理</li> </ul></div>'
24.                 },
25.                 content:{
26.                     template:'<div>详细信息</div>'
27.                 }
28.             }
29.         },
30.         {
31.             path:'/login',
32.             component:{
33.                 template: '<div><h1>登录</h1></div>'
34.                     }
35.         },
36.             {
37.             path:'/about',
38.             component:{
39.                 template:'<div><h1>关于我们</h1></div>'
40.             }
41.         },
42. ];
43. //定义一个路由
44. var router=new VueRouter({
45.     routes:routes
46. });
47. // 导航前调用
48. router.beforeEach(function(to,from,next){
49.     var logged_in=false;
50.     //var logged_in=true;
51.     if(!logged_in && to.path=='/user')
52.         next('/login')
53.     else if(!logged_in && to.path=='/post')
54.         next('/login')
55.     else
56.         next();
57. });
58. // 导航后调用
59. router.afterEach(function(to,from){
60.     console.log('to',to);
61.     console.log('from',from);
62. });
63. new Vue({
64.     el:'#app',
65.     router:router
66. })
```

< 171 >

导航钩子是一种相当于拦截器的路由，用户没有登录就不能查看组件的内容。本例演示了没有登录就不能进入用户管理和帖子管理组件，也不能访问用户管理及帖子管理，路由跳转到 login。运行结果如图9-7所示。

图 9-7 没有登录不能访问用户管理

9.5 元数据及路由匹配

Vue Router元数据是通过meta对象中的一些属性来判断当前路由是否需要进一步处理的，如果需要处理，用户可按照自己想要的效果进行处理。

定义路由的时候要配置meta字段，代码如下。

```
1.  {
2.        path:'/user',
3.        meta:{
4.            login_required:true
5.        },
6.        component:{
7.            template:'<div><ul><li>用户列表</li><li>权限管理</li></ul> </div>'
8.        }
9.  }
```

代码中的meta 字段就是元数据字段。login_required 是自定义的字段名称，用来标记该路由信息是否需要检测，true 表示需要检测，false 表示不需要检测（建议为字段定义有意义的名称）。

一个路由匹配到的所有routes配置中的每个路由对象会暴露为$route对象的$route.matched数组。因此，我们需要遍历$route.matched数组来检查routes配置中的每个路由对象的meta字段。

检查meta字段的示例如下。

```
1.  router.beforeEach(function(to,from,next){
2.      var logged_in=false;
3.     // var logged_in=true;
4.     // console.log('to.path',to.path);
5.      console.log('to.matched',to.matched);
6.     // if(!logged_in && to.path=='/user')
7.     //      next('/login')
8.      if(!logged_in && to.matched.some(function(item){
9.              return item.meta.login_required
10.        }))
```

< 172 >

```
11.          next('/login');
12.      else
13.          next();
14. });
```

实例如例9-7所示。

【例9-7】meta演示没有登录不能访问用户管理。

```
1.  <!DOCTYPE html>
2.  <html lang="en">
3.  <head>
4.      <meta charset="UTF-8">
5.      <title>Vue路由演示配置没有登录不能访问用户管理</title>
6.  </head>
7.  <body>
8.
9.  <div id="app">
10.     <div>
11.         <router-link to="/">首页</router-link>
12.
13.         <router-link to="/user">用户管理</router-link>
14.         <router-link to="/post">帖子管理</router-link>
15.         <router-link to="/login">登录</router-link>
16.     </div>
17.     <div>
18.         <router-view></router-view>
19.     </div>
20. </div>
21. <script src="../js/vue.js"> </script>
22. <script src="../js/vue-router.js"></script>
23. <script src="../js/app_9.js"></script>
24. </body>
25. </html>
```

JavaScript代码如下。

```
1.  var routes=[
2.      {
3.          path:'/',
4.          component:{
5.              template: '<div><h1>首页</h1></div>'
6.          }
7.      },
8.      {
9.          path:'/user',
10.          meta:{
11.              login_required:true
12.          },
13.          component:{
14.              template:'<div><ul><li>用户列表</li><li>权限管理</li></ul> </div>'
15.          }
16.      },
```

< 173 >

```
17.     {
18.           path:'/post',
19.           component:{
20.                 template:'<div>详细信息<router-link to="more" append>天气
</router-link><router-view></router-view></div>'
21.           },
22.           children:[
23.             {
24.               path:'more',
25.               component:{
26.                 template:'<div><h2>要下雨了</h2> </div>'
27.               }
28.             }
29.           ]
30.         },
31.         {
32.           path:'/login',
33.             component:{
34.               template: '<div><h1>登录</h1></div>'
35.             }
36.     }
37. ];
38. }
39. {
40. var router=new VueRouter({
41.     routes:routes
42. });
43.
44. router.beforeEach(function(to,from,next){
45.     var logged_in=false;
46.   // var logged_in=true;
47.   // console.log('to.path',to.path);
48.     console.log('to.matched',to.matched);
49.   // if(!logged_in && to.path=='/user')
50.   //       next('/login')
51.    if(!logged_in && to.matched.some(function(item){
52.             return item.meta.login_required
53.         }))
54.         next('/login');
55.     else
56.         next();
57. });
58. new Vue({
59.     el:'#app',
60.     router:router
61. })
```

　　meta字段也是一种相当于拦截器的路由。本例演示了没有登录就不能进入用户管理组件，不能访问用户管理，路由跳转到login。运行结果如图9-8所示。

< 174 >

图 9-8　meta 演示没有登录不能访问用户管理

本章小结

本章介绍了Vue Router路由安装、Vue Router传递参数及获取参数、Vue Router子路由及路由切换组件、Vue Router命名视图及导航钩子、Vue Router元数据及路由匹配。通过这些内容读者可以深入了解Vue Router的数据绑定原理，以及Vue Router内部是如何运行的，这对读者以后的开发具有重要的意义。

习题

9-1　使用路由实现页面切换，如图9-9所示。

图 9-9　使用路由实现页面切换

9-2　分析Vue Router使用路由传递参数与地址栏传递参数的区别。

9-3　使用meta字段实现拦截器的路由。

< 175 >

第 **10** 章 使用webpack

webpack是一个前端资源加载/打包工具，它会根据模块的依赖关系进行静态分析，然后将模块按照指定的规则生成对应的静态资源。webpack可以将多种静态资源（如JS、CSS、less等文件）转换成静态文件，从而减少页面的请求。

本章要点

- webpack基础；
- webpack的基本配置；
- webpack常用的加载器；
- webpack打包。

10.1 webpack基础

webpack是由托拜厄斯·科佩斯（Tobias Koppers）开发的一个开源前端模块构建工具。webpack的基本功能是将以模块格式书写的多个JavaScript文件打包成一个文件，同时支持CommonJS和AMD格式。与众不同的是，webpack还提供了强大的loader API来对不同文件格式的预处理逻辑进行定义，从而可以将CSS样式、模板甚至自定义格式的文件当作JavaScript文件来使用。

webpack
基础

webpack 基于加载器（loader）还可以实现大量的高级功能，如自动分块打包并按需加载、对图片资源引用的自动定位、根据图片大小决定是否用Base64内联、开发时的模块热替换等，可以说，它是目前前端构建领域最有竞争力的工具之一。

webpack的工作方式是把项目当作一个整体，从一个给定的主文件（如index.js）开始，找到项目的所有依赖文件，再使用加载器处理它们，最后将之打包为一个（或多个）浏览器可识别的JavaScript文件，如图10-1所示。

在安装 webpack 前，本地环境必须已安装Node.js和npm，读者可按照下面的方法安装webpack。

先创建一个webpack_project目录，使用npm init初始化，在初始化过程中需要设置项目名称、版本号、描述等信息，如图10-2所示。

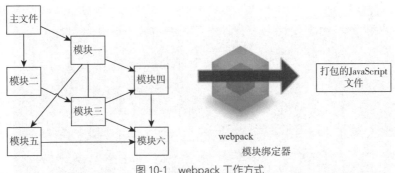

图 10-1　webpack 工作方式

图 10-2　初始化 webpack_project

操作执行完成后系统会在webpack_project目录中创建一个package.json文件，然后在本地安装webpack，如图10-3所示。webpack安装成功后继续安装webpack-cli，如图10-4所示。

```
1.  // 安装webpack及webpack-cli
2.  npm install  webpack  --save-dev
3.  npm install  webpack-cli -g
```

安装完成后系统会在package.json文件中增加webpack的配置信息，这里安装的是webpack 4.17.2，如图10-5所示。

< 177 >

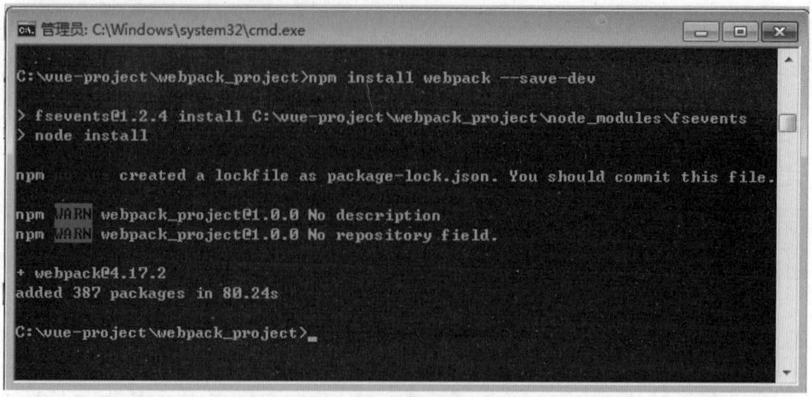

图 10-3　安装 webpack

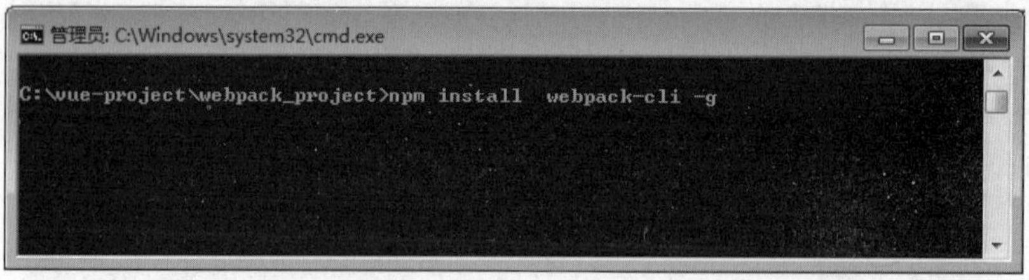

图 10-4　安装 webpack-cli

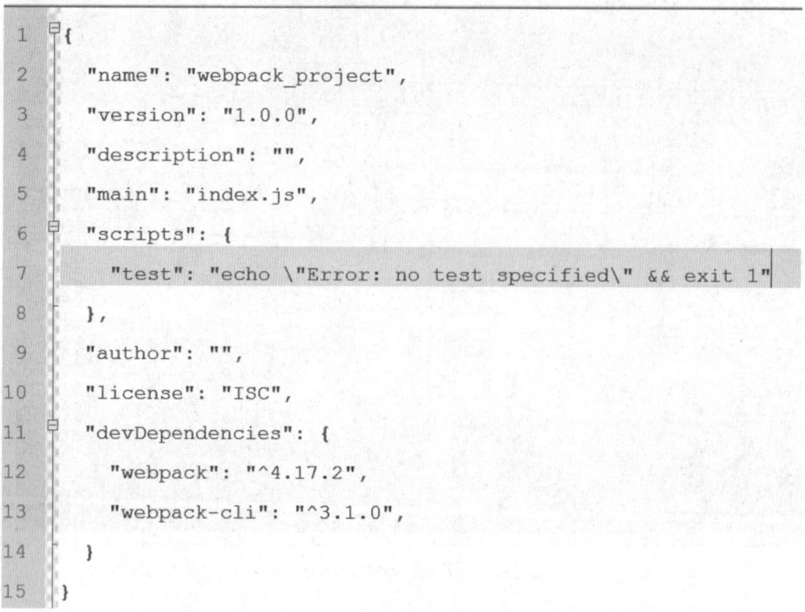

```
1  {
2      "name": "webpack_project",
3      "version": "1.0.0",
4      "description": "",
5      "main": "index.js",
6      "scripts": {
7          "test": "echo \"Error: no test specified\" && exit 1"
8      },
9      "author": "",
10      "license": "ISC",
11      "devDependencies": {
12          "webpack": "^4.17.2",
13          "webpack-cli": "^3.1.0",
14      }
15  }
```

图 10-5　webpack 的配置信息

　　最后在本地安装webpack-dev-server，使用它可以启动服务器、热更新、接口代理等。

```
1. // 安装webpack-dev-server
2. npm install  webpack-dev-server  --save-dev
```

　　在命令提示符窗口执行命令后开始安装，如图10-6所示。

< 178 >

图 10-6　安装 webpack-dev-server

安装完成后系统会在package.json文件中增加webpack-dev-server的配置信息，这里安装的是webpack-dev-server 3.1.8，如图10-7所示。

```
11      "devDependencies": {
12        "webpack": "^4.17.2",
13        "webpack-dev-server": "^3.1.8"
14      }
```

图 10-7　webpack-dev-server 的配置信息

至此已经成功安装webpack，可以开始使用。

10.2　webpack的基本配置

在webpack_project目录下创建一个文件webpack.config.js，并初始化config。

```
1. var config = {
2.
3. };
4. module.exports = config;
```

webpack 的
基本配置

然后打开package.json文件，在scripts属性下增加快速启动webpack-dev-server服务的脚本。

```
1. "scripts": {
2.     "test": "echo \"Error: no test specified\" && exit 1",
3.     "dev": "webpack-dev-server --open --config webpack.config.js"
4.   }
```

此时执行命令"cnpm run dev"，就会自动执行"webpack-dev-server --open --config webpack.config.js"，其中--open会自动在浏览器打开页面。地址栏显示http://localhost:8080，其中IP地址和端口都可以重新配置。

```
1. "scripts": {
2.     "test": "echo \"Error: no test specified\" && exit 1",
3.     "dev": "webpack-dev-server –host  192.168.1.1 –port 8888 --open --config
webpack.config.js"
4.   }
```

< 179 >

webpack中最重要的两项配置是入口（entry）和出口（output）。入口的作用是告诉用户webpack从何处开始寻找依赖并进行编译，出口的作用是确定编译后文件存储的位置和文件名。下面来配置入口和出口。

在webpack_project目录下创建main.js作为入口文件，编写以下内容。

```
document.write("开始使用webpack");
```

编写完成后在webpack.config.js中进行配置。

```
1.  var path= require("path");
2.
3.  var config = {
4.          entry:{
5.                  main:'./main'    //入口是main.js
6.          },
7.          output:{
8.                  path:path.join(__dirname,'./dist'), //打包后文件输出
的目录，必填
9.                  publicPath:'/dist/',    //指定资源文件引用的目录
10.                 filename:'main.js'      //打包后文件名main.js
11.         }
12.
13. };
14. module.exports=config;
15. //注：__dirname是node.js中的一个全局变量，它指向当前执行脚本所在的目录
```

最后在webpack_project目录下创建index.html入口。

```
1.  <!DOCTYPE html>
2.  <html>
3.  <head>
4.      <meta charset="UTF-8">
5.      <title>webpack app</title>
6.  </head>
7.  <body>
8.  <div id="myApp">
9.  </div>
10. <script src="/dist/main.js"></script>
11. </body>
12. </html>
```

在命令提示符窗口执行命令cnpm run dev启动项目，如图10-8所示。项目成功启动后自动打开浏览器，如图10-9所示。

这时在webpack_project目录下打开main.js并修改文件内容如下。

```
document.write("开始使用webpack，完成了入口和出口的设置");
```

保存后不需要刷新页面，内容将自动更新，如图10-10所示。这就是webpack-dev-server的热更新功能，它通过建立一个WebSocket连接实时响应代码的修改。

< 180 >

图 10-8　启动项目

图 10-9　项目成功启动　　　　　　　　　　　图 10-10　热更新

此时用户可以使用命令"webpack –progress –hide-modules"打包数据，在webpack_project目录下生成一个dist/main.js文件。

10.3　webpack常用的加载器

10.2节介绍了配置入口和出口启动webpack项目。本节再介绍webpack的一个更强大的功能，也是webpack的特色功能——加载器（loader）。通过安装不同的加载器可以对各种扩展名的文件进行处理，如CSS样式、图片、字体文件等。

加载器需要单独安装。以安装CSS样式为例，安装css-loader和style-loader的界面分别如图10-11和图10-12所示。使用命令npm安装。

webpack 常用的加载器、插件、webpack 常用命令

```
1. npm install css-loader –save-dev
2. npm install style-loader –save-dev
```

安装完加载器后需要在webpack.config.js中的modules关键字下进行配置。加载器的配置包括以下几方面。

（1）test：一个用于匹配加载器所处理文件的扩展名的正则表达式（必需）。

< 181 >

（2）loader：加载器的名称（必需）。

（3）include/exclude：手动添加必须处理的文件（文件夹）或屏蔽不需要处理的文件（文件夹）（可选）。

（4）query：为加载器提供额外的设置选项（可选）。

```
1.  module: {
2.     rules: [
3.         {
4.             test: /\.css$/,
5.             use: [
6.                 'css-loader',
7.                 'style-loader'
8.             ]
9.         }
10.    ]
11. }
```

加载器就像翻译器，当webpack在编译过程中遇到require()和import语句导入一个CSS文件时，css-loader 先处理，找出CSS依赖的资源，并压缩CSS，再把输出的 CSS 交给 style-loader处理，将其转换成通过脚本加载的JavaScript代码。

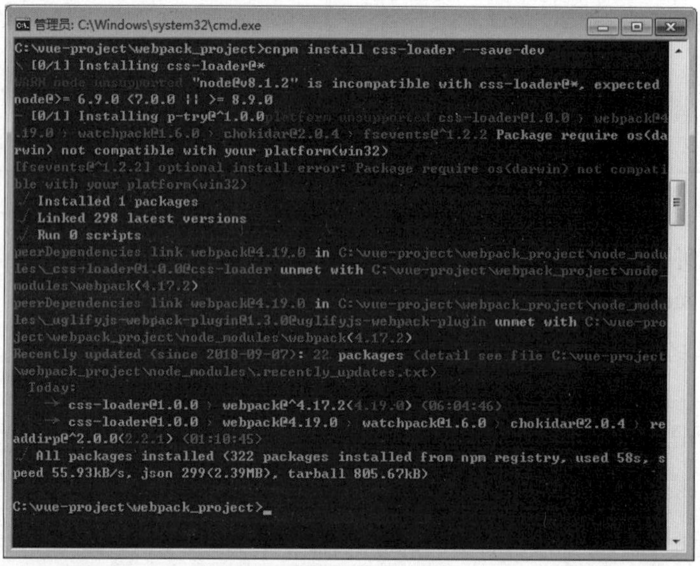

图 10-11　安装 css-loader

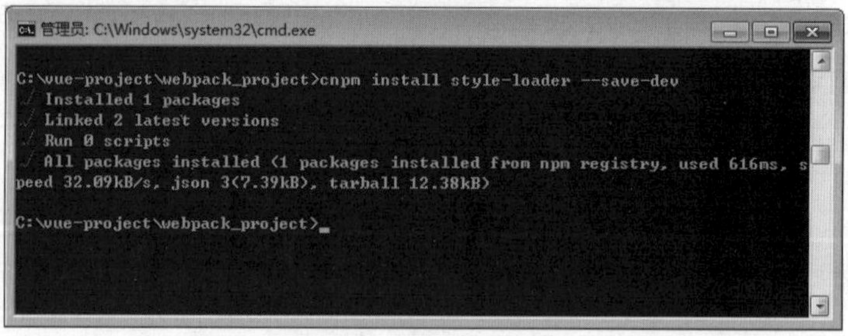

图 10-12　安装 style-loader

< 182 >

在webpack_project目录下创建一个css文件夹，在css文件夹下创建style.css文件，并导入main.js。

```
1.  /*style.css*/
2.  #myApp{
3.          font-size:20;
4.  }
5.  /*main.js*/
6.  require("./style.css");
7.  document.getElementById("myApp").innerText="开始使用webpack，完成了入口和出口
的设置"
```

修改代码并保存，重新执行cnpm run dev
命令，样式已应用，字体已变大，运行结果如
图10-13所示。

图 10-13　使用样式加载器

url-loader也是常用的加载器。在客户端向
服务器发送请求的过程中，如果图片较多，则
客户端会发送很多HTTP请求，从而降低页面性能。url-loader会将引入的图片编码成Base64格式
写进页面。如果图片较大，编码会消耗性能，因此url-loader提供limit参数，小于limit字节的文件
会被转为Base64格式，大于limit字节的文件使用file-loader进行复制。

安装url-loader和file-loader的命令如下。

```
1.  npm install url-loader -save-dev
2.  npm install file-loader -save-dev
```

安装url-loader、file-loader的界面分别如图10-14和图10-15所示。

图 10-14　安装 url-loader

图 10-15　安装 file-loader

配置webapck.config.js的代码如下。

```
1.  module: {
2.      rules: [
```

< 183 >

```
3.          {
4.              test: /\.css$/,
5.              use: [
6.                      'css-loader',
7.                      'style-loader'
8.              ]
9.          },{
10.             test: /\.(gif|jpg|png|jpeg)$/,
11.             loader: 'url-loader?limit=8192',   //小于8KB使用Base64格式
12.         }
13.     ]
14. }
```

修改样式文件的代码如下。

```
1. /*style.css*/
2. #myApp{
3.      color:blue;
4.      background-image: url('image/test.png');   //小于8KB的图片
5. }
```

重新启动项目可发现图片已经转为Base64格式，如图10-16所示。

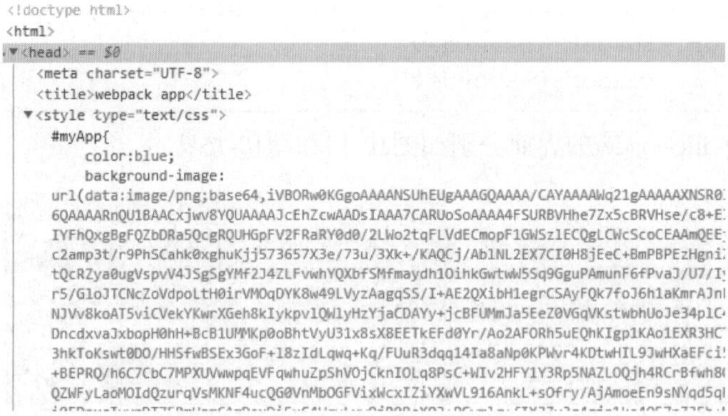

图 10-16　图片转为 Base64 格式

10.4 插件

插件（plugin）是用来拓展webpack功能的，使用插件的目的在于实现加载器没有实现的功能。webpack有很多内置插件，也有很多第三方插件，供我们实现更加丰富的功能。本节主要讲解mini-css-extract-plugin插件。

用户通常有两种方案使打包后的样式生效。一种是使用style-loader自动将CSS代码放到生成的style标签中，并插入head标签。另一种是使用extract-text-webpack-plugin插件（webpack 4.1.0以前的版本中使用），将样式文件单独打包，打包输出的文件由配置文件中的output属性指定，然后在入口HTML页面中添加link标签，引入打包后的样式文件。

< 184 >

　　但是webpack 4.1.0后的版本中不建议使用extract-text-webpack-plugin，那么用户应该用什么方法单独提取CSS文件呢？mini-css-extract-plugin插件可以将CSS单独打包，供用户提取。

　　使用npm安装mini-css-extract-plugin插件的命令如下，界面如图10-17所示。

```
npm install --save-dev mini-css-extract-plugin
```

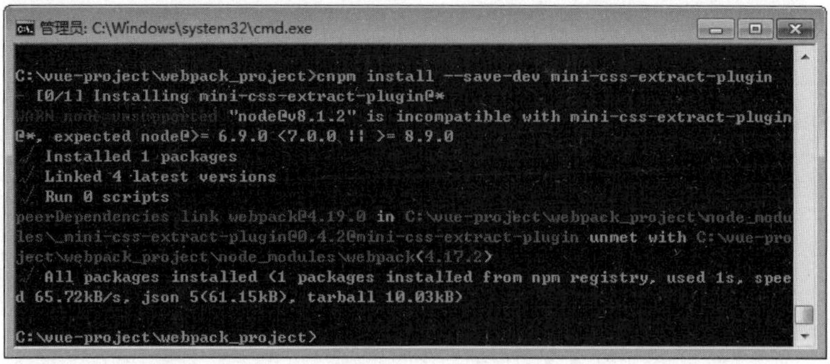

图 10-17　安装 mini-css-extract-plugin

　　在配置文件中导入插件，修改webpack.config.js文件。

```
1.  //导入插件
2.  var path = require("path");
3.  const MiniCssExtractPlugin = require("mini-css-extract-plugin");
4.
5.  var config = {
6.          ...
7.          module: {
8.              rules: [
9.                  {
10.        test: /\.css$/,
11.        use: [
12.                      {
13.                          loader: MiniCssExtractPlugin.loader,
14.                          options: {
15.                              // 此处可指定路径
16.                              // 默认路径由webpackOptions.output配置
17.                              publicPath: '/dist/'
18.                          }
19.                      },
20.                      "css-loader"
21.        ]
22.                  },
23.                  {
24.                      test: /\.jpeg$/,
25.                      // use: 'url-loader?limit=1024&name=[path][name].[ext]&publicPath=output/',
26.                      use: 'url-loader?limit=1024'
27.                  },
28.              ]
29.          },
30.          plugins: [
```

< 185 >

```
31.              new MiniCssExtractPlugin({
32.                  // 选项与webpackOptions.output中雷同
33.                  // 两个选项都可选
34.                  filename: "[name].css",
35.                  chunkFilename: "[id].css"
36.              })
37.          ],
38.      };
39. module.exports=config;
```

在index.html文件中添加link标签，引入样式。

```
1. <!DOCTYPE html>
2. <html>
3. <head>
4.     <meta charset="UTF-8">
5.     <title>webpack app</title>
6.     <link rel="stylesheet" type="text/css" href="/dist/main.css">
7. </head>
8. …
```

重新启动服务器可发现成功生成了main.css文件，如图10-18所示。样式已经在页面中生效，字体颜色已改变。

图 10-18　main.css 文件

这时在dist目录下并没有main.css文件，用户需要在浏览器控制台输入命令，webpack才会在dist目录中生成main.css文件，生成的main.css文件如图10-19所示。

```
webpack       //对项目资源进行打包
```

图 10-19　生成的 main.css 文件

< 186 >

10.5　webpack常用命令

在webpack命令后可以添加一些参数，这些参数都有自己的作用。
可以使用参数--config来打包另一份配置文件（如webpack.config_result.js）。

```
webpack --config webpack.config_result.js
```

如果遇到项目逐渐变大，webpack 的编译时间变长的问题，怎么办？其实可以通过参数--progress和--color让编译的输出内容分别带有进度条和颜色。

```
webpack --progress //显示进度条
webpack --color //添加颜色
```

如果不想每次修改模块后都重新编译，可以使用参数--watch启动监听模式。开启监听模式后，没有变化的模块会在编译后缓存到内存中，而不会每次都被重新编译，所以监听模式的整体速度是很快的。

```
webpack --watch
```

压缩混淆脚本可以使用参数–p，它是很重要的参数，一个未压缩的700KB的文件在压缩后可缩小到180KB左右。

```
webpack -p
```

本章小结

本章介绍了什么是webpack、webpack的安装、webpack的基本配置、webpack常用的加载器、webpack安装插件、webpack开发的业务逻辑。通过这些内容读者可以深入了解webpack的数据绑定原理、webpack内部是如何运行的，这对读者以后的开发具有重要的意义。

习题

10-1　使用webpack开发项目。
10-2　理解webpack的多种插件，动手安装插件。
10-3　分析加载器和插件的区别。

< 187 >

第 11 章 axios在Vue中的使用

本章介绍axios及其优势、使用axios发送GET请求和POST请求、请求与响应配置参数、使用axios拦截器、添加全局loading、携带请求头信息、添加全局错误处理、axios使用CancelToken方式在请求过程中取消重复请求、利用axios.create创建新实例、利用axios.all发起并发操作、Vue使用反向代理和JSON跨域、BetterScroll滑动库的使用。

本章要点

- axios基本操作；
- axios请求与响应拦截器；
- axios取消重复请求；
- axios创建实例与并发；
- Vue中的跨域解决方案；
- 实现滚动和上拉、下拉。

11.1 axios基本操作

axios对原生AJAX进行进一步的封装，让其能够提供很多实用的功能，以及简化底层的操作。对于专业的发起请求的方式，axios不仅可以避免很多不必要的操作，还可以使用更多强大的功能。

11.1.1 什么是axios

axios是一个基于Promise的HTTP库，可以用在浏览器和Node.js中，主要特点：可以在浏览器中创建XMLHttpRequest；可以在Node.js中创建HTTP请求；支持Promise API；可以拦截请求和响应、转换请求数据和响应数据、取消请求、自动转换JSON数据；客户端支持防御XSRF（Cross-Site Request Forgery，跨站请求伪造）。axios支持的浏览器有Chrome、Firefox、Safari、Opera、Edge等。

读者可以直接去其中文官网下载axios到本地使用，或者使用CDN引入。

什么是axios、搭建json-server

```
<script src="https://unpkg.com/axios/dist/axios.js"></script>
```

使用npm安装axios的命令如下。

```
$ npm install axios
```

11.1.2　搭建json-server

在使用axios前，为了更方便地调用后端接口，我们先来搭建一个json-server。json-server用于模拟服务器接口数据，可以根据JSON数据建立一个完整的Web服务。json-server可从GitHub平台下载，json-server 的 GET 请求支持普通查询、过滤查询、条件查询、分页查询、排序查询、全文检索和子节点查询。

json-server的安装及启动步骤如下。

（1）安装json-server。

```
npm install -g json-server   //安装json-server
json-server -v   //查看版本
```

安装成功，目前的版本是0.17.0，如图11-1所示。

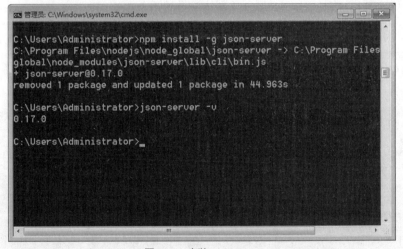

图 11-1　安装 json-server

📋 **说明**

json-server必须在Node 12以上版本的环境中使用，在低版本环境中无法安装json-server。具体版本请读者自己在其官网选择。

（2）新建comments文件夹，并在文件夹下创建一个名为db.json的文件，用于存放如下数据。

```
{
  "users": [
    {
```

< 189 >

```
      "name": "joker",
      "age": 22,
      "sex": "male",
    },
    {
      "name": "tom",
      "age": 24,
      "sex": "male"
    },
    {
      "name": "jerry",
      "age": 18,
      "sex": "male"
    }
  ]
}
```

（3）启动json-server，在comments文件夹下，直接在地址栏中输入cmd并按Enter键，进入命令提示符窗口，执行如下命令。

运行 json-server 服务，启动本地API数据：

```
json-server --watch db.json
```

在本地其他端口启动 json-server 服务（默认端口3000）：

```
json-server --watch db.json --port 8888
```

json-server启动成功，如图11-2所示。

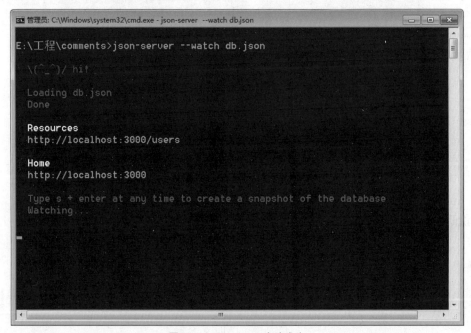

图 11-2　json-server 启动成功

（4）查看JSON数据，可以使用Postman 测试接口，或者在浏览器输入网址http://localhost:

< 190 >

3000/users。这里使用浏览器，如图11-3所示。

图 11-3　查看 JSON 数据

观察db.json文件的数据可以发现，http://localhost:3000/db是整个db.json的数据包，而/users是db.json里面的子对象。因此，json-server把db.json 根节点的每一个key都当作一个router。读者可以根据这个规则来编写测试数据。

利用json-server可以进行简单的增、删、改、查的自测，访问的网址都是 http://localhost:3000/users，只是请求的类型不同。可根据请求的方式进行如下区分。

（1）get：查询。

（2）post：增加。

（3）delete：删除。

（4）put / patch：修改 。

（5）put：全局修改，要改全部改。

（6）patch：局部修改，以打补丁的方式进行修改。

11.1.3　axios发送GET和POST请求

我们先来学习axios的通用格式。axios通过以下格式来传递参数：axios[method](url, data,[config])。下面分别介绍GET请求和POST请求。

GET请求：axios.get(url[, config])。

```
// 为给定 id 的 user 创建请求
axios.get('http://localhost:3000/users?id=102601')
    .then(response => {
        this.users = response.data;
    })
    .catch(error => {
        console.log(error)
```

< 191 >

```
        })
    // 上面的请求也可以这样做
axios.get('http://localhost:3000/users', {
            params: {
                    id: 102601
            }
        })
        .then(response => {
            this.users = response.data;
        })
        .catch(error => {
            console.log(error)
        })
```

POST请求：axios.post(url[, data[, config]])。

```
axios.post('/users', {
    id: '102601',
    name: 'Lucy',
    age: 24,
    sex: 'male'
    })
    .then(function (response) {
    console.log(response);
})
    .catch(function (error) {
    console.log(error);
});
```

下面通过调用json-server启动的接口，演示在Vue中使用axios操作接口。例11-1所示为通过GET请求查询数据。

【例11-1】通过GET请求查询数据。

```
<!DOCTYPE html>
<html lang="en">
<head>
    <meta charset="UTF-8">
    <meta name="viewport" content="width=device-width, initial-scale=1.0">
    <title>GET请求</title>
    <script src="./lib/vue.js"></script>
    <script src="./lib/axios.js "></script>
</head>
<body>
    <div id="app">
        <div v-for="user in users">
            <li>{{user.id}} {{user.name}}  {{user.age}}  {{user.sex}}</li>
        </div>
    </div>
</body>
<script>
    new Vue({
        el: '#app',
```

< 192 >

```
            data: {
                users:[]
            },
            mounted() {
                axios
                    .get('http://localhost:3000/users')   //json-server支持GET请求
                    .then(response => {
                        this.users = response.data;
                    })
                    .catch(error => {
                        console.log(error)
                    })
            }
        })
    </script>
</html>
```

在浏览器中查看结果，可发现数据已经渲染成功，如图11-4所示。

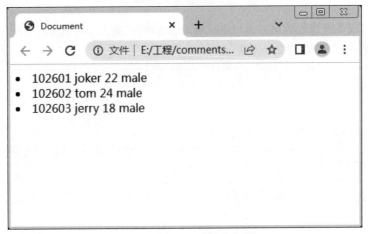

图 11-4 通过 GET 请求查询数据

如果想要查询一个对象的信息，可修改以上代码调用接口的部分，传递参数id=102601，代码如下。

```
axios.get('http://localhost:3000/users?id=102601')
    .then(response => {
        this.users = response.data;
    })
    .catch(error => {
        console.log(error)
    })
```

刷新页面，在浏览器中查看结果，接口已经调用并返回，响应是一个数组，数据也已渲染成功，如图11-5所示。

< 193 >

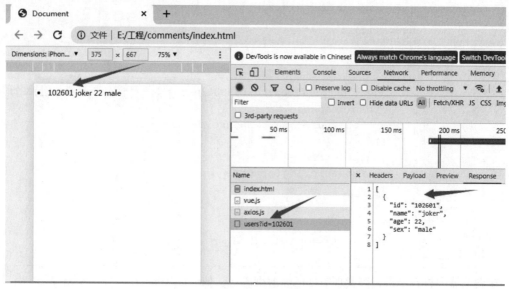

图 11-5　查询一个对象

POST请求可以实现添加数据，例11-2所示为通过POST请求添加数据。

【例11-2】通过POST请求添加数据。

```
<!DOCTYPE html>
<html lang="en">
<head>
    <meta charset="UTF-8">
    <meta name="viewport" content="width=device-width, initial-scale=1.0">
    <title>POST请求</title>
    <script src="./lib/vue.js"></script>
    <script src="./lib/axios.js "></script>
</head>
<body>
    <div id="app">
    </div>
</body>
<script>
    new Vue({
        el: '#app',
         mounted() {
            axios.post('http://localhost:3000/users', {
                    id: '102604',
                    name: 'Lucy',
                    age: "24",
                    sex: 'male'
                })
                .then(function (response) {
                    console.log(response);
                });
        }
    })
</script>
```

< 194 >

```
</html>
```

再次访问时，接口id为102604的对象已经添加到db.json文件中，如图11-6所示。

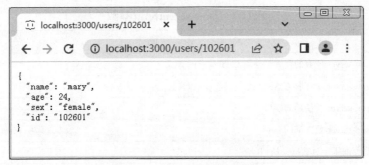

图 11-6　通过 POST 请求添加数据

PUT请求可以修改数据，例如，修改id为102601的对象，替换接口调用的代码如下。

```
axios.put('http://localhost:3000/users/102601', {
        name: 'mary',
        age: 24,
        sex: 'female'
    })
        .then(function (response) {
                                        console.log(response);
        });
```

代码执行后，再次访问接口http://localhost:3000/users/102601，可发现name已经修改为mary，age已经修改为24，sex已经修改为female，如图11-7所示。

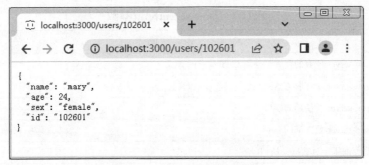

图 11-7　通过 PUT 请求修改数据

< 195 >

DELETE请求可以删除数据，例如，删除id为102601的对象，替换接口调用的代码如下。

```
axios.delete('http://localhost:3000/users/102601')
     .then(function (response) {
          console.log(response);
     });
```

代码执行后，再次访问接口http://localhost:3000/users，id为102601的对象已经被删除，如图11-8所示。

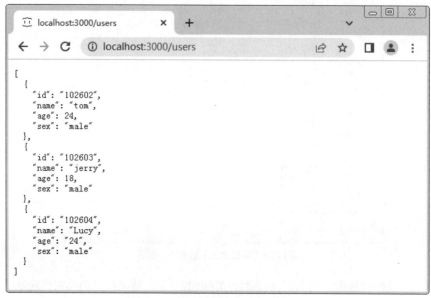

图 11-8　通过 DELETE 请求删除数据

json-server可以实现分页查询，替换接口调用的代码如下。

```
//分页查询
axios.get('http://localhost:3000/users?_page=1&_limit=2')
     .then((res) => {
               this.users = res.data;
     })
```

其中"?_page=1&_limit=2"配置的是查询参数，_page是当前页数，_limit是每页显示的条数。json-server配置参数如表11-1所示。

表11-1　json-server配置参数

参数	描述
GET	json-server 所有的查询都使用 GET 请求的方式
host	json-server 所在服务器的地址
port	json-server 所使用的端口
key	json-server 要查询的 key
_page	要查询哪一页数据，从1开始
_limit	每页多少条数据

< 196 >

代码执行后，再次浏览网页，可发现接口调用成功，返回了前两条数据，如图11-9所示。

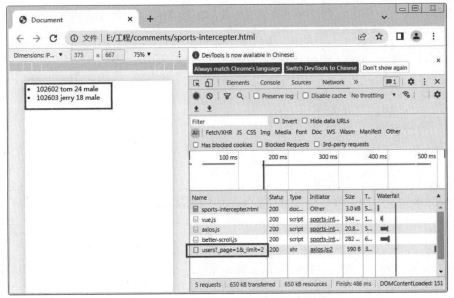

图 11-9　分页查询

11.1.4　axois请求与响应配置参数

axios可以传递相关配置来创建请求。11.1.3节中的示例可以替换为以传递相关配置的方式来发起请求。例如，下面发起的POST请求只有 url 是必需的，如果没有指定 method，axios将默认使用GET请求。

```
// 发起一个GET请求
axios({
  method: 'get',
  url: 'http://localhost:3000/user',
  data: {
    id: '102601',
  }
});
```

我们在这里介绍几个常用的请求配置的参数，如url、method、baseURL、headers、params、timeout等，更多的配置参数可以参考官网。

```
{
  url: '/user', // 用于请求的服务器 URL
  method: 'get', // 默认值，method是创建请求时使用的方法
  baseURL: 'https://some-domain.com/api/',// baseURL 将自动加在URL前面，除非
URL是一个绝对 URL
  headers: {'X-Requested-With': 'XMLHttpRequest'}, // 自定义请求头
  params: {     // 与请求一起发送的 URL 参数
    ID: 12345
  },
  timeout: 1000, // 指定请求超时的毫秒数，默认值是0（永不超时）
```

< 197 >

```
        responseType: 'json', // 表示浏览器将要响应的数据类型，选项包括'arraybuffer'、
'document'、'json'、'text'、'stream'
        proxy: {    // 定义了代理服务器的主机名、端口和协议。如果代理服务器使用 HTTPS, 则必
须设置 protocol 为'https'
            protocol: 'https',
            host: '127.0.0.1',
            port: 9000,
            auth: {
              username: 'wenxin',
              password: 'zl9999'
            }
        }
    }
```

一个请求响应也包含一些信息，如data、status、statusText等。

```
{
  data: {}, // 由服务器提供的响应
  status: 200,// 来自服务器响应的 HTTP 状态码
  statusText: 'OK',  // 来自服务器响应的 HTTP 状态信息
  headers: {},  // 服务器响应头
  config: {},// 请求提供的配置信息
  request: {} // 返回 XMLHttpRequest 实例
}
```

当使用 then 时，可以接收到响应信息，具体代码如下。

```
axios({
  method: 'get',
  url: 'http://localhost:3000/users'
}).then(function (response) {
    console.log(response.data);
    console.log(response.status);
    console.log(response.statusText);
    console.log(response.headers);
    console.log(response.config);
});
```

11.2 axios请求与响应拦截器

axios拦截器会在我们发起每个请求或返回响应之前实现一系列的拦截操作，通常是在请求或响应被then或catch处理前拦截相应操作。下面我们具体来学习请求拦截器和响应拦截器。

axios 请求与响应拦截器、axios 高级应用

11.2.1 请求与响应拦截器

用户可通过 axios.interceptors.request.use(成功回调函数,失败的回调函数)这个方法来配置请求

< 198 >

拦截器。第一个回调函数中有一个config请求配置对象，可以配置在发送请求之前需要做的事情；第二个回调函数则可配置当请求错误时需要处理的操作。实现的代码模板如下。

```
// 添加请求拦截器
axios.interceptors.request.use(function (config) {
    // 在发送请求之前做些什么
    return config;
}, function (error) {
    // 对请求错误做些什么
    return Promise.reject(error);
});
```

响应拦截器和请求拦截器相似，用户可通过axios.interceptors.response.use(成功回调函数,失败的回调函数)这个方法来配置响应拦截器。第一个回调函数中有一个response参数就是响应的对象，响应拦截器可以获取一些响应的信息，在响应失败的时候也会做出一些处理。实现代码如下。

```
// 添加响应拦截器
axios.interceptors.response.use(function (response) {
    // 2xx状态码都会触发该函数
    // 对响应数据做些什么
    return response;
}, function (error) {
    // 非 2xx 状态码都会触发该函数
    // 对响应错误做些什么
    return Promise.reject(error);
});
```

下面简单演示拦截器的使用，如例11-3所示。

【例11-3】拦截器的使用。

```
<!DOCTYPE html>
<html lang="en">
<head>
    <meta charset="UTF-8">
    <meta name="viewport" content="width=device-width, initial-scale=1.0">
    <title>拦截器测试</title>
    <script src="lib/vue.js"></script>
    <script src="lib/axios.js"></script>
    <script src="lib/better-scroll.js"></script>
</head>
<body>
    <div id="app">
        <div v-for="user in users">
            <li>{{user.id}} {{user.name}} {{user.age}} {{user.sex}}</li>
        </div>
    </div>
    <script>
        new Vue({
            el: '#app',
            data: {
                users: []
            },
```

< 199 >

```
            mounted() {
                axios.interceptors.request.use(function (config) {
                    console.log("请求之前");   // 在发送请求之前做些什么
                    return config;
                }, function (error) {
                    return Promise.reject(error);   // 对请求错误做些什么
                });
                axios.interceptors.response.use(function (response) {
                    console.log("响应之前");   // 对响应数据做些什么
                    return response;
                }, function (error) {
                    return Promise.reject(error);   // 对响应错误做些什么
                });
                axios.get('http://localhost:3000/users?_page=1&_limit=3')
    .then((res) => {   //分页
                    console.log(res.data);
                    this.users = res.data;   //使用(res)=>才可以这样写
                })
            }
        })
    </script>
</body>
</html>
```

通过浏览器查看可见，在浏览器控制台中，请求之前和响应之前都已经输出，配置的拦截器已经生效，如图11-10所示。

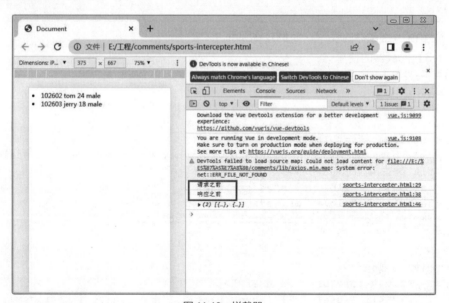

图 11-10 拦截器

11.2.2 拦截器应用

用户可在请求拦截器的请求头处添加token，让响应拦截器能对响应数据进行拦截，并统一处理请求失败的情况。这样拦截器就不需要在每个组件里处理失败的情况，例如，有些接口需要

< 200 >

登录才能访问，在没登录的情况下可跳转到登录页面。

下面通过例11-4演示请求拦截器，每次请求之前都携带token，后端得到反馈后就知道用户是不是一个有权限的用户。

【例11-4】请求拦截器添加token。

```
<!DOCTYPE html>
<html lang="en">
<head>
    <meta charset="UTF-8">
    <meta name="viewport" content="width=device-width, initial-scale=1.0">
    <title>请求拦截器添加token </title>
    <script src="lib/vue.js"></script>
    <script src="lib/axios.js"></script>
    <script src="lib/better-scroll.js"></script>
</head>
<body>
    <div id="app">
        <div v-for="user in users">
            <li>{{user.id}} {{user.name}} {{user.age}} {{user.sex}}</li>
        </div>
        <div>{{info}}</div>
    </div>
    <script>
        new Vue({
            el: '#app',
            data: {
                users: [],
                info: ''
            },
            mounted() {
                //配置baseURL
                axios.defaults.baseURL = 'http://localhost:3000';
                axios.interceptors.request.use(function (config) {
    //每次请求之前都携带token，后端得到后就知道用户是不是一个有权限的用户。
                config.headers.token =
                            "eyJzdWIiOiIxMjM0NTY3ODkwIiwibmFtZSvaG4gRGdWV9";
                    return config;
                }, function (error) {
                    return Promise.reject(error);
                });
                axios.get('/users').then((res) => {
                    this.users = res.data;
                })
            }
        })
    </script>
</body>
</html>
```

通过浏览器查看可见，Request Headers中token已经添加，后端可以通过token认证用户，如图11-11所示。

< 201 >

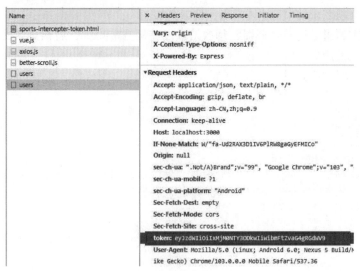

图 11-11 请求拦截器添加 token

11.3 axios高级应用

axios提供了一些高级应用，如取消重复请求、创建新实例、并发操作等，有助于满足更复杂的业务需求。

11.3.1 axios取消重复请求

在使用axios时，我们经常会遇到一个问题：在第一个请求还没有结束的时候，我们又发起新的请求。这种方式并不是特别好，我们应该等第一个请求结束之后再发起新的请求。如果多次发起相同的请求就需要取消重复请求，如图11-12所示，单击"单击"按钮5次发送了5次请求。

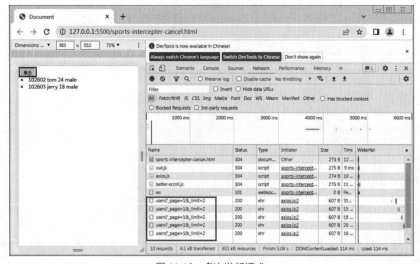

图 11-12 多次发起请求

< 202 >

如何取消请求呢？axios可以使用CancelToken的方式在请求过程中取消请求，使用这种方式即可实现取消重复请求。具体代码如下。

```
//1.得到取消请求类
const CancelToken = axios.CancelToken;
//2.利用工厂创建取消对象
const source = CancelToken.source();
//3.在请求头设置取消token
config.cancelToken = source.token;
//4.调用cancel方法取消请求
source.cancel('取消请求');
```

下面通过例11-5演示取消重复请求的过程。

【例11-5】CancelToken取消重复请求。

```html
<!DOCTYPE html>
<html lang="en">
<head>
    <meta charset="UTF-8">
    <meta name="viewport" content="width=device-width, initial-scale=1.0">
    <title>CancelToken取消重复请求</title>
    <script src="lib/vue.js"></script>
    <script src="lib/axios.js"></script>
    <script src="lib/better-scroll.js"></script>
</head>
<body>
    <div id="app">
        <input type="button" value="单击" v-on:click="show"/>
        <div v-for="user in users">
            <li>{{user.id}} {{user.name}} {{user.age}} {{user.sex}}</li>
        </div>
        <div>{{loading}} </div>
    </div>
    <script>
        new Vue({
            el: '#app',
            data: {
                users: [],
                loading:''
            },
            methods:{
                show(){
                    axios.get('http://localhost:3000/users?_page=1&_limit=2')
                        .then((res) => {
                          setTimeout(() => {    //模拟服务器延迟
                              this.loading = '';
                              this.users = res.data;
                          }, 3000);
                       })
                }
            },
            mounted() {
```

< 203 >

```
            const CancelToken = axios.CancelToken;
            axios.interceptors.request.use((config)=>{
                const source = CancelToken.source();
                config.cancelToken = source.token;
                if(this.loading == 'loading...'){
                    source.cancel('取消请求');
                }
                this.loading = 'loading...'
                return config;
            },(error)=>{
                console.log(error);
            });
        }
    })
</script>
</body>
</html>
```

在浏览器中查看，连续单击"单击"按钮3次，可以看到在Network中请求只调用了一次，如图11-13所示。

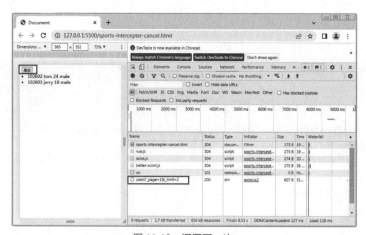

图 11-13　调用了一次

其他两次请求被取消，即CancelToken取消重复请求成功，如图11-14所示。

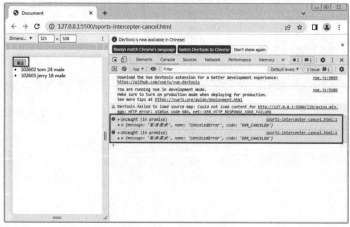

图 11-14　取消重复请求

< 204 >

> **说明**
>
> 如果使用的不是ES6，用户需要将Vue对象的this赋值给外部方法定义的属性，然后在内部方法中通过"var_this = this;"使用该属性。
>
> 建议使用ES语法"=>"，可以直接得到this.loading的值，语法格式如下。
>
> ```
> axios.interceptors.request.use((config)=>{ },(error)=>{ });
> ```

11.3.2　axios创建实例

创建实例与并发属于axios的高级应用。在使用axios的时候，它本身就是创建出来的一个实例对象，我们需要在这个实例对象下调用它提供的一些方法来满足需求。但是，这个实例毕竟是唯一的实例，如果所有的操作都在这一个实例上进行，其实是不太方便的，如果有一些特殊的需求希望我们的操作是分开进行的，这时候就适合通过创建实例来进行开发。

例如，我们做了一个拦截器，所有的请求都会通过这个拦截器，这样对于一些特殊需求操作起来就不方便。有了创建实例的能力，我们就可以在指定的实例下进行拦截，就可以满足一些特殊需求。下面介绍如何创建实例。

axios创建实例使用axios.create方法。

```
//创建实例，config为请求配置
var instance=axios.create([config]);
//新实例发起GET请求
Instance.get('/users').then(res=>{})
```

下面创建两个实例对象，并分别设置拦截器、添加token信息。

```
axios.defaults.baseURL = 'http://localhost:3000';  //配置baseURL
            var instance = axios.create();
            var instance2 = axios.create();
            instance.interceptors.request.use(function (config) {
                config.headers.token = "kwIiwibmFtZvaG4gRGdWV9";
                return config;
            }, function (error) {
                return Promise.reject(error);
            });
            instance2.interceptors.request.use(function (config) {
                config.headers.token = "eyJzdWIiOiIxMjM0NTY3OD";
                return config;
            }, function (error) {
                return Promise.reject(error);
            });
            instance.get('/users').then((res) => {
                console.log(res);
            })
            instance2.get('/users').then((res) => {
                console.log(res);
            })
```

在浏览器中查看，可以看出两次请求都被执行，并且携带的token不同，如图11-15所示。

< 205 >

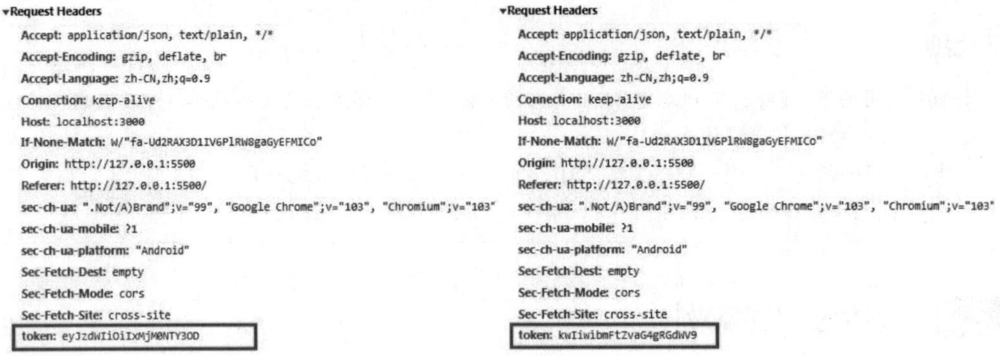

```
▼Request Headers                                    ▼Request Headers
  Accept: application/json, text/plain, */*            Accept: application/json, text/plain, */*
  Accept-Encoding: gzip, deflate, br                   Accept-Encoding: gzip, deflate, br
  Accept-Language: zh-CN,zh;q=0.9                      Accept-Language: zh-CN,zh;q=0.9
  Connection: keep-alive                              Connection: keep-alive
  Host: localhost:3000                                Host: localhost:3000
  If-None-Match: W/"fa-Ud2RAX3D1IV6PlRW8gaGyEFMICo"   If-None-Match: W/"fa-Ud2RAX3D1IV6PlRW8gaGyEFMICo"
  Origin: http://127.0.0.1:5500                       Origin: http://127.0.0.1:5500
  Referer: http://127.0.0.1:5500/                     Referer: http://127.0.0.1:5500/
  sec-ch-ua: ".Not/A)Brand";v="99", "Google Chrome";v="103", "Chromium";v="103"   sec-ch-ua: ".Not/A)Brand";v="99", "Google Chrome";v="103", "Chromium";v="103"
  sec-ch-ua-mobile: ?1                                sec-ch-ua-mobile: ?1
  sec-ch-ua-platform: "Android"                       sec-ch-ua-platform: "Android"
  Sec-Fetch-Dest: empty                               Sec-Fetch-Dest: empty
  Sec-Fetch-Mode: cors                                Sec-Fetch-Mode: cors
  Sec-Fetch-Site: cross-site                          Sec-Fetch-Site: cross-site
  token: eyJzdWIiOiIxMjM0NTY3OD                       token: kwIiwibmFtZvaG4gRGdWV9
```

图 11-15　创建实例

11.3.3　axios并发操作

　　axios并发操作是同时发起多个请求，等这些请求都结束之后，再统一处理。下面我们学习axios是如何发起并发请求并使用axios.all方法实现并发操作的。例11-6所示为并发操作。

```
axios.all([xhr1,xhr2])   //发起并发
.then(axios.spread((res1,res2))=>{   //展开返回结果
}));
```

【例11-6】并发操作。

```html
<!DOCTYPE html>
<html lang="en">
<head>
    <meta charset="UTF-8">
    <meta name="viewport" content="width=device-width, initial-scale=1.0">
    <title>并发操作</title>
    <script src="lib/vue.js"></script>
    <script src="lib/axios.js"></script>
    <script src="lib/better-scroll.js"></script>
</head>
<body>
    <div id="app">
    </div>
    <script>
        new Vue({
            el: '#app',
            mounted() {
                axios.defaults.baseURL = 'http://localhost:3000';//配置baseURL
                var xhr1=axios.get('/users')
                var xhr2=axios.get('/users')
                axios.all([xhr1,xhr2]).then((res)=>{
                    console.log(res);
                });
            }
        })
    </script>
```

< 206 >

```
</body>
</html>
```

在浏览器控制台中查看，可发现返回的是一个数组，如图11-16所示。

```
▼ (2) [{_}, {_}] 🛈
  ▶ 0: {data: Array(3), status: 200, statusText: 'OK', headers: {_}, config: {_}, _}
  ▶ 1: {data: Array(3), status: 200, statusText: 'OK', headers: {_}, config: {_}, _}
    length: 2
  ▶ [[Prototype]]: Array(0)
```

图 11-16　并发操作

数组第一项是第一个请求的响应，第二项是第二个请求的响应。axios提供了一个展开方法axios.spread，可直接得到两个展开的响应对象，这样操作起来更方便。修改例11-6中加粗的代码如下。

```
axios.all([xhr1,xhr2]).then(axios.spread((res1,res2)=>{
            .console.log(res1);
              console.log(res2);
      }));
```

在浏览器控制台中查看，可发现返回的是两个展开的响应对象，如图11-17所示。

```
                                                             sports-intercepter-create.html:58
▼ {data: Array(3), status: 200, statusText: 'OK', headers: {_}, config: {_}, _} 🛈
  ▶ config: {transitional: {_}, transformRequest: Array(1), transformResponse: Array(1), timeout: 0, adapter: ƒ, _}
  ▶ data: (3) [{_}, {_}, {_}]
  ▶ headers: {cache-control: 'no-cache', content-length: '250', content-type: 'application/json; charset=utf-8', expires: '-1', pragma
  ▶ request: XMLHttpRequest {onreadystatechange: null, readyState: 4, timeout: 0, withCredentials: false, upload: XMLHttpRequestUpload
    status: 200
    statusText: "OK"
  ▶ [[Prototype]]: Object
                                                             sports-intercepter-create.html:59
▼ {data: Array(3), status: 200, statusText: 'OK', headers: {_}, config: {_}, _} 🛈
  ▶ config: {transitional: {_}, transformRequest: Array(1), transformResponse: Array(1), timeout: 0, adapter: ƒ, _}
  ▶ data: (3) [{_}, {_}, {_}]
  ▶ headers: {cache-control: 'no-cache', content-length: '250', content-type: 'application/json; charset=utf-8', expires: '-1', pragma
  ▶ request: XMLHttpRequest {onreadystatechange: null, readyState: 4, timeout: 0, withCredentials: false, upload: XMLHttpRequestUpload
    status: 200
    statusText: "OK"
  ▶ [[Prototype]]: Object
```

图 11-17　使用 axios.spread

11.4 AJAX跨域操作

11.4.1 解决跨域与CORS

AJAX 跨域操作，实战实现滚动和上拉、下拉

在默认情况下，AJAX只能在同一个域下进行操作，也就是在同一台服务器下发起请求和响应请求。跨域就是在不同的服务器下发起请求和响应请求，这是不被允许的。但是很多时候我们希望进行跨域操作，该如何实现呢？首先我们要思考为什么会产生跨域的限制——跨域的限制来自浏览器的同源策略（Same-Origin Policy）。

浏览器的同源策略是一种约定，它是浏览器最核心、最基本的安全策略，如果缺少了同源策略，则浏览器的正常功能可能会受到影响。

< 207 >

浏览器要求在解析AJAX请求时，浏览器的路径与AJAX请求的路径必须满足协议相同、域名相同、端口号相同，即满足同源策略，才可以访问服务器。只要有一项不相同，就是非同源的，如表11-2所示。

表11-2　浏览器同源策略

URL前端	URL后端	结果	原因
http://localhost:8080/sport.html	http://localhost:8080/list	成功	
http://localhost:8080/sport.html	https://localhost:8080/list	失败	协议不同
http://localhost:8080/sport.html	http://127.0.0.1:8080/list	失败	域名不同
http://localhost:8080/sport.html	http://localhost:8088/list	失败	端口号不同

解决跨域问题可以使用CORS方案。CORS即跨域资源共享（Cross-Origin Resource Sharing），它允许浏览器向跨域服务器发出XMLHttpRequest请求，从而突破了AJAX只能同域使用的限制。CORS方案只需要由服务器发送一个响应头。

```
//在服务器设置响应头信息
response.setHeader("Access-Control-Allow-Origin","*");
//或者设置白名单
response.setHeader("Access-Control-Allow-Origin","http://localhost:3000");
```

11.4.2　Vue跨域配置反向代理

反向代理是在前端服务和后端服务之间架设的一个中间代理服务，它的地址保持和前端服务一致。反向代理和前端服务之间由于协议、域名、端口号统一，就不存在跨域问题，同时反向代理和后端服务之间并不经过浏览器，那么就没有同源策略的限制，自然可以发送请求。

因此，我们就可以通过反向代理做接口转发，在开发环境下解决跨域问题。而且Vue CLI已经为我们内置了该技术，我们只需要按照要求进行配置。下面通过一个示例来学习一下。

在浏览器中访问网易有道的对外开放接口，我们可以看到接口返回的数据，如图11-18所示。

图 11-18　接口返回的数据

< 208 >

编写代码使用axios调用该接口，我们会发现浏览器控制台输出错误信息，如图11-19所示。

```
Access to XMLHttpRequest at 'http://openapi.youdao.com/api?q=excellent&from=EN&to=zh_CHS&appKey=4d0 localhost/:1
315a39cca722e&salt=2&sign=384c4be…&ext=mp3&voice=0' from origin 'http://localhost:8080' has been blocked by CORS
policy: No 'Access-Control-Allow-Origin' header is present on the requested resource.
```

图 11-19 调用接口

下面来学习如何使用Vue CLI解决跨域配置问题。在vue.config.js配置文件中，我们可以配置devServer，配置完成后，必须重启项目，然后就可以正常调用接口了。

修改vue.config.js配置devServer。

```
const { defineConfig } = require('@vue/cli-service')
module.exports = defineConfig({
  transpileDependencies: true,
   // 支持webPack-dev-server的所有选项
   devServer: {
    host: "localhost",
    port: 8080, // 端口号
    open: true, //配置自动启动浏览器
    // proxy: 'http://localhost:4000' // 配置跨域处理，只有一个代理
    // 配置多个代理
    proxy: {
        "/api": {
            target: "http://openapi.youdao.com/",// 要访问的接口域名
            ws: true,// 是否启用WebSocket
            changeOrigin: true, //开启代理：在本地创建一个虚拟服务器，然后发送请
求的数据，并同时接收请求的数据，这样服务器和服务器进行数据的交互就不会有跨域问题
            pathRewrite: {
                '^/api': '' //这里理解成用/api代替target里面的地址，比如要调用
“http://localhost:8088/user/list”，直接写“/api/user/list”即可
            }
        }
    }
  }
})
```

增加调用网易有道的接口，然后重启项目，在浏览器中验证结果，可发现接口已经调用成功，如图11-20所示，这样就解决了跨域问题。学到这里的读者，我为你的这一份坚持点赞，继续奋斗，相信你终将收获满满。

```
//在data中初始化，appKey可以在网易有道官网申请
appKey: "5aa0c2b968552802",
salt: 2,
key: "RRCauRMP16a5nPgfrUgkmxtDtmZrfzXP"
//添加网易有道的接口
var signn = nemoMD5(this.appKey + newWord.word + this.salt + this.key);
this.$axios.get("/api/api?q="+newWord.word+"&from=EN&to=zh_CHS&appKey=4d0
315a39cca722e&salt=2&sign="+signn+"&ext=mp3&voice=0").then((res)=>{
console.log(res)
}
```

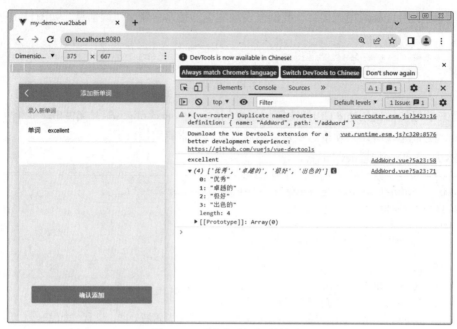

图 11-20　反向代理解决跨域问题

　　在开发项目的时候，我们经常会遇到后端提供的多个服务请求地址域名或端口号不一致的情况，这时候就需要在前端设置多个proxy跨域代理。

```
//配置多个代理
    proxy: {
        "/api": {
            target: "http://openapi.youdao.com/",
            ws: true,
            changeOrigin: true,
            pathRewrite: {
                '^/api': ''
            }
        },
        "/adminapi": {
            target: "http://www.h5peixun.com",
            ws: true,
            changeOrigin: true,
            pathRewrite: {
                '^/adminapi': ''
            }
        },
    }
```

　　在使用页面时，添加上adminapi即可。快去试试效果吧！

```
this.$axios.get("/adminapi/"+url).then(res => {
    if(res.status==200){
    console.log(res.data);
    }
})
```

< 210 >

　　下面这段代码演示同时调用两个不同域名的接口，实现添加单词的功能。代码中先调用网易有道的接口，查询单词的释义和音标；再调用添加接口，添加单词的释义和音标。

```
//添加网易有道的接口
var signn = nemoMD5(this.appKey + newWord.word + this.salt + this.key);
this.$axios.get("/api/api?q="+newWord.word+"&from=EN&to=zh_CHS&appKey=4d0
315a39cca722e&salt=2&sign=" + signn + "&ext=mp3&voice=0").then((res) => {
    newWord.description = res.data.web[0].value;
    newWord.pronounce = res.data.phonetic;
//添加单词的释义和音标
 this.$axios
.get("/adminapi/soya/apps/testdb/server/?action=wordList.insert", {
        params: {
            word: newWord.word,
            pronounce: newWord.pronounce,
            description: newWord.description
            }
        }).then((res) => {
            if (res.data.ret == 0) {
                alert("添加成功! ");
            } else {
                alert("添加失败! ");
            }
        }, (error) => {
                console.log(error);
        });
    });
```

　　运行代码，添加一个单词，可发现两个接口都调用成功，状态码为200，如图11-21所示。

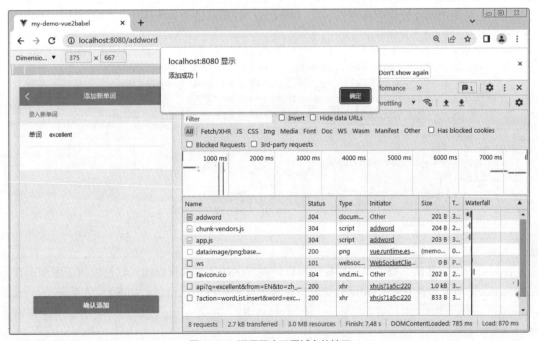

图 11-21　调用两个不同域名的接口

< 211 >

11.4.3 Vue实现JSONP跨域请求

JSONP（JSON with Padding）是JSON的一种"使用模式"，可用于解决主流浏览器的跨域数据访问的问题，是利用script标签不受同源策略影响实现的。服务器发送回来的是一个函数调用，客户端定义这个函数为回调函数。JSONP的特点是兼容性好，但是只能发送GET请求，建议使用反向代理。

```
// JSONP客户端数据，客户端需要定义回调函数
function foo(data){      }
//JSONP服务器发送数据，是一个函数调用
foo(data);
```

这里有一个问题，我们不能每次都把函数的名字写成固定的，因此需要更智能的方式来自动生成前端的定义函数，以及调用后端的函数。这里主要分析前端的实现。为得到函数的名字，我们可以通过正则表达式来解析、封装一个函数。Vue提供了一个JSONP插件，这个插件可以方便我们进行操作。

下面介绍如何在Vue项目中引入并使用JSONP插件。

（1）安装JSONP插件。

```
cnpm install vue-jsonp –save    //通过npm安装JSONP插件
```

（2）在main.js中引入vue-jsonp，如果安装的版本是""vue-jsonp": "^2.0.0""，在引入时就需要加上"{ VueJsonp }"，代码如下。

```
import {VueJsonp} from 'vue-jsonp'
Vue.use(VueJsonp);
```

（3）在页面中继续使用网易有道的接口测试JSONP跨域请求是否成功。

```
var signn = nemoMD5(this.appKey + newWord.word + this.salt + this.key);
var url = "http://openapi.youdao.com/api?q=" + newWord.word
+ "&from=EN&to=zh_CHS&appKey=4d0315a39cca722e&salt=2&sign="
+ signn + "&ext=mp3&voice=0&callback=getword ";
                this.$jsonp(url).then((res) => {
                            console.log(res);
                }
  //在mounted中挂载getword函数
mounted() {
        window["getword"] = function (data) {
            console.log("测试" + data.returnPhrase);
        }
    }
```

在页面中进行测试，查询单词后我们可以发现JSONP请求执行成功，已经返回了回调函数，在Response选项卡中查看getword函数，没有再报先前的跨域请求错误，如图11-22所示。

< 212 >

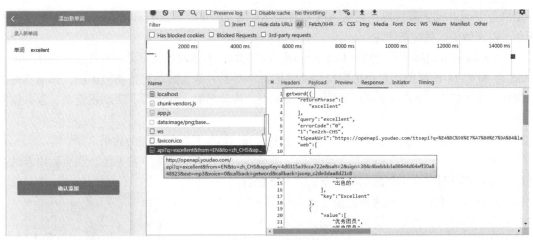

图 11-22　JSONP 跨域请求

在Console选项卡中查看输出的单词信息，"console.log("测试" + data.returnPhrase);"也已经输出，如图11-23所示。

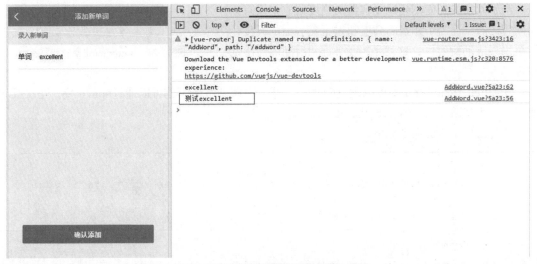

图 11-23　JSONP 跨域挂载到 mounted

11.5 实战：实现滚动和上拉、下拉

在移动端项目开发中，处理滚动列表是十分常见的需求，有纵向滚动的列表、横向滚动的列表，以及具有上拉、下拉功能的列表，我们可以用BetterScroll滑动库来实现。本节讲解结合axios实现滚动和上拉、下拉功能。

11.5.1 BetterScroll滑动库

BetterScroll滑动库是一款重点解决移动端（已支持 PC）各种滚动场景需求的插件。它的核

< 213 >

心是借鉴 iScroll 的实现代码，它的 API 设计基本兼容 iScroll，在 iScroll 的基础上又扩展了一些特色，以及做了一些性能优化。

BetterScroll滑动库是基于原生JavaScript代码实现的，不依赖任何框架，可完美运用于 Vue、React 等 MVVM 框架中。它也可以提供插件机制，便于对基础滚动进行功能扩展，目前支持上拉加载、下拉刷新、Picker、鼠标滚轮、放大缩小、移动缩放、轮播图、滚动视觉差、放大镜等功能。

官网提供了很多案例，读者可以用智能手机打开，体验其在移动端的效果。

下面介绍BetterScroll滑动库的滚动原理。浏览器的滚动条相信大家都熟悉，当页面内容的高度超过视口高度时，会出现纵向滚动条；当页面内容的宽度超过视口宽度时，会出现横向滚动条。也就是当视口展示不下内容时，浏览器会通过滚动条让用户滚动屏幕，看到剩余的内容。BetterScroll滑动库也是一样的原理，如图11-24所示。

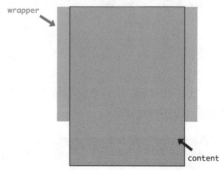

wrapper是父容器，它有固定的高度。content是父容器的第一个子元素，它的高度会随着内容的多少而改变。当子元素的高度不超过父容器的高度时，是没有滚动内容区的，而当子元素的高度超过了父容器的高度，就会出现滚动内容区，这就是BetterScroll滑动库的滚动原理。

图 11-24　BetterScroll 滑动库原理

安装BetterScroll滑动库可以通过CDN引入或者下载到本地，也可以通过npm安装。建议读者使用具备所有插件能力的 BetterScroll滑动库。

通过CDN引入的命令如下。

```
<script src=
"https://unpkg.com/better-scroll@latest/dist/better-scroll.js"></script>

let bs = BetterScroll.createBScroll('.wrapper', {})
```

通过npm安装的命令如下。

```
npm install better-scroll --save
import BetterScroll from 'better-scroll'
let bs = new BetterScroll('.wrapper', {})
```

BetterScroll滑动库的具体使用我们通过实现滚动和上拉、下拉的功能来进行讲解，读者也可以参考官网的相关内容。

11.5.2　实现滚动和上拉、下拉

第一步：编写好静态页面的布局和样式设计。"#sports-main{ margin-top:50px; height:calc(100vh - 50px);}"这个样式中的height:calc(100vh - 50px)是固定的大小，100vh-50px是可视区的高度；"#sports-header{ height:50px;}"中的50px是父容器的高度；而list列表的高度肯定大于父容器的高度。这样就可以用于实现BetterScroll的滚动操作。例11-7是静态页面的代码。

< 214 >

【例11-7】静态页面。

```html
<!DOCTYPE html>
<html lang="en">
<head>
    <meta charset="UTF-8">
    <meta name="viewport" content="width=device-width, initial-scale=1.0">
    <title>Document</title>
    <style>
    *{ margin:0; padding:0;}
    ul,ol{ list-style: none;}
    img{ display: block;}
    #sports-header{ width:100%; height:50px; background:#537bff; display: flex;
justify-content: space-between; align-items: center; color:white; font-size:20px;
padding:0 10px; position: fixed; top:0; z-index: 100;}
    #sports-main{ margin-top:50px; height:calc(100vh - 50px);}
    #sports-main ul{ background:white;}
    #sports-main ul li{ display: flex; border-bottom: 1px #f7f7f7 solid; margin:0
18px; padding:20px 0;}
    #sports-main .sports-list-text{ flex:1; font-size: 18px; line-height: 26px;}
    #sports-main .sports-list-text p:last-of-type{ font-size:14px;
color:#828c9b; display: flex; margin-top:10px;}
    #sports-main .sports-list-text p:last-of-type span{ margin-right:10px;}
    #sports-main .sports-list-img{ width:130px; margin-left: 20px;}
    #sports-main .sports-list-img img{ width:100%; border-radius: 10px; }

    #loadingDown{ width:100%; position: absolute; top:60px; z-index: -1;
text-align: center; }
    #loadingUp{ width:100%; text-align: center; padding:20px 0; }
    #loading{ position: absolute; left:0; top:0; right:0; bottom:0; margin:auto;
width:200px; height:30px; line-height: 30px; text-align: center; z-index: 100;}
    </style>
    <script src="javascripts/template-web.js"></script>
    <script src="javascripts/axios.js"></script>
    <script src="javascripts/better-scroll.js"></script>
</head>
<body>
    <header id="sports-header">
        腾讯 | 体育
    </header>
    <div id="loadingDown"></div>
    <main id="sports-main">
        <div>
            <ul class="sports-list">
                <li>
                    <div class="sports-list-text">
                        <p>詹姆斯一分半钟拿下6分1盖帽 这就是联盟第一人的水准</p>
                        <p> <span>球场老手   12评</span> </p>
                    </div>
                    <div class="sports-list-img">
                        <img src="images/a.jpg" alt="">
                    </div>
                </li>
```

< 215 >

```
            </ul>
            <div id="loadingUp"></div>
        </div>
        <div id="loading"></div>
    </main>
</body>
</html>
```

第二步：设计好接口。创建一个list.json文件，放在db.json同一个目录下即可，文件内容如下所示。读者可自己添加30个对象的id、title、img、user、comment，这里只显示2个对象。

```
{
    "list": [
        {
            "id": 1,
            "title": "詹姆斯一分半钟拿下6分1盖帽 这就是联盟第一人的水准",
            "img": "images/a.jpg",
            "user": "天涯沦落人",
            "comment": 55
        },
        {
            "id": 2,
            "title": "魔兽18年为何会被黄蜂送走 管理层忧心其影响年轻球员",
            "img": "images/b.jpg",
            "user": "一线法网",
            "comment": 120
        }
    ]
}
```

输入命令"json-server --watch list.json"，启动json-server。启动成功后在浏览器中访问list. json文件，如图11-25所示。

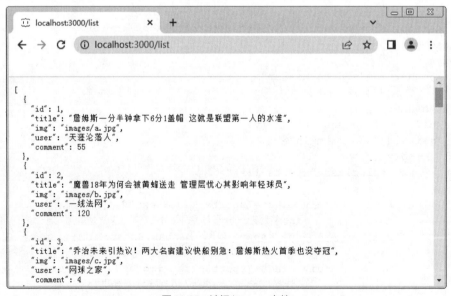

图 11-25　访问 list.json 文件

< 216 >

第三步：渲染数据。使用axois调用接口，把数据显示到界面中。其中setTimeout是用来模拟延迟的，在实际开发中要去掉。例11-8所示为实现滚动和上拉、下拉的代码。

> 📋 **说明**
>
> 　　绑定图片使用的代码v-bind:src可简写为:src，例如，`<img :src="sport.img" alt="">`。需要注意，:src="sport.img"中没有{{ }}。
>
> 　　定义方法使用methods:{initBetterScroll() { … } }，调用方法使用this.initBetterScroll()。

【例11-8】 实现滚动和上拉、下拉。

```html
<!DOCTYPE html>
<html lang="en">
<head>
    <meta charset="UTF-8">
    <meta name="viewport" content="width=device-width, initial-scale=1.0">
    <title>实现滚动和上拉、下拉</title>
    <style>
     *{ margin:0; padding:0;}
    ul,ol{ list-style: none;}
    img{ display: block;}

    #sports-header{ width:100%; height:50px; background:#537bff; display: flex;
justify-content: space-between; align-items: center; color:white; font-size:20px;
padding:0 10px; position: fixed; top:0; z-index: 100;}
    #sports-main{ margin-top:50px; height:calc(100vh - 50px);}
    #sports-main ul{ background:white;}
    #sports-main ul li{ display: flex; border-bottom: 1px #f7f7f7 solid; margin:0
18px; padding:20px 0;}
    #sports-main .sports-list-text{ flex:1; font-size: 18px; line-height: 26px;}
    #sports-main .sports-list-text p:last-of-type{ font-size:14px;
color:#828c9b; display: flex; margin-top:10px;}
    #sports-main .sports-list-text p:last-of-type span{ margin-right:10px;}
    #sports-main .sports-list-img{ width:130px; margin-left: 20px;}
    #sports-main .sports-list-img img{ width:100%; border-radius: 10px; }

    #loadingDown{ width:100%; position: absolute; top:60px; z-index: -1; text-
align: center; }
    #loadingUp{ width:100%; text-align: center; padding:20px 0; }
    #loading{ position: absolute; left:0; top:0; right:0; bottom:0; margin:auto;
width:200px; height:30px; line-height: 30px; text-align: center; z-index: 100;}
    </style>
    <script src="lib/vue.js"></script>
    <script src="lib/axios.js"></script>
    <script src="lib/better-scroll.js"></script>
</head>
<body>
```

< 217 >

```html
<div id="app">
    <header id="sports-header">
        腾讯 | 体育
    </header>
    <div id="loadingDown">{{loadingDown}}</div>
    <main id="sports-main" class="sports-main">
        <div>
            <ul class="sports-list">
                <template v-for="sport in sportsList">
                    <li>
                        <div class="sports-list-text">
                            <p>
                                {{ sport.title }}
                            </p>
                            <p>
                                <span>{{sport.user}}   {{
sport.comment }}评</span>
                            </p>
                        </div>
                        <div class="sports-list-img">
                            <img :src="sport.img" alt="">
                        </div>
                    </li>
                </template>
            </ul>
            <div id="loadingUp">{{loadingUp}}</div>
        </div>
        <div id="loading">{{loading}}</div>
    </main>
</div>
<script>
    new Vue({
        el: '#app',
        data: {
            loading: 'loading...',
            loadingUp: '',
            loadingDown: '',
            sportsList: [],
                                            now:0   //后面用
        },
        mounted() {
            axios.get('http://localhost:3000/list', {
                    params: {
                        _page: 1,
                        _limit: 10
                    }
            }).then((res) => {
                setTimeout(() => {
                    console.log(res.data);
                    this.loading = '';
```

< 218 >

```
                        this.sportsList = res.data;
                        this.initBetterScroll();
                    }, 1000);
                })
            },
        methods:{
            initBetterScroll() {
            let bs = new BetterScroll.createBScroll('#sports-main', {
                pullDownRefresh: {   //下拉配置
                    threshold: 10   //下拉临界点超过10触发
                    },
                pullUpLoad: {      //上拉配置
                    threshold: -10 //上拉临界点超过-10触发
                    }
                })
                //scrollStart滚动瞬间触发
                bs.on('scrollStart', () => {
                    this.loadingDown = '下拉刷新';
                    this.loadingUp = '上拉加载';
                });
                bs.on('pullingDown', () => {
                    console.log('下拉触发');
                    this.loadingDown = 'loading...';
                    setTimeout(() => {
                        this.loadingDown = '刷新成功';
                        bs.finishPullDown();
                        bs.refresh();
                        this.now = 0;
                    }, 1000);
                });
                bs.on('pullingUp', () => {
                    console.log('上拉触发');
                    this.loadingUp = 'loading...';
                    setTimeout(() => {
                    this.loadingUp = '加载成功';
                        bs.finishPullUp();
                        bs.refresh();
                    }, 1000);
                });
                }
            }
        })
    </script>
</body>
</html>
```

在浏览器中查看结果，下拉的时候显示"loading…"，并且触发事件pullingDown，浏览器控制台中输出"下拉触发"，如图11-26所示。

继续滚动到底部，上拉的时候显示"加载成功"，并且触发事件pullingUp，浏览器控制台中输出"上拉触发"，如图11-27所示。

图 11-26　下拉刷新

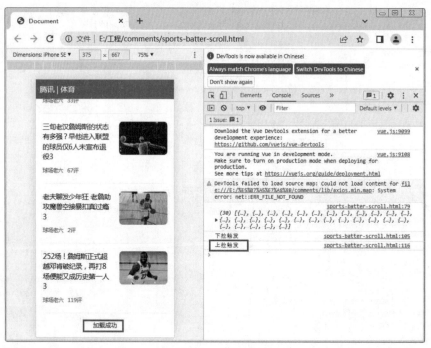

图 11-27　上拉加载

　　第四步：前面已经实现了下拉刷新和上拉加载的动画效果，下面继续在下拉刷新的时候完成数据渲染，在上拉加载的时候完成数据加载。修改list.json，增加新的对象，并修改pullingDown事件中的代码，使用axios调用接口。

< 220 >

```
bs.on('pullingDown', () => {
                    this.loadingDown = 'loading...';
                    axios.get('http://localhost:3000/list', {
                        params: {
                            _page: 1,
                            _limit: 10
                        }
                    }).then((res) => {

                        setTimeout(() => {
                            this.sportsList = res.data;
                            this.loadingDown = '刷新成功';
                            bs.finishPullDown();
                            bs.refresh();
                            this.now = 0;
                        }, 1000);

                    });
                });
```

在浏览器中下拉刷新，新增加的数据已经显示出来，如图11-28所示。

图 11-28　下拉刷新数据

　　修改pullingUp事件，设置_page为++this.now。注意数组拼接的方法"this.sportsList = this.sportsList.concat(res.data)"，不能写成"this.sportsList += res.data"。读者如果会用Java或者PHP开发接口，可以调用自己的接口，那样会更直观，这里主要是演示。

```
bs.on('pullingUp', () => {
```

< 221 >

```
        this.loadingUp = 'loading...';
        axios.get('http://localhost:3000/list', {
            params: {
                _page: ++this.now,
                _limit: 10
            }
        }).then((res) => {
        setTimeout(() => {
                                            //拼接数组
            this.sportsList = this.sportsList.concat(res.data);
                console.log(res.data.length);
                if (res.data.length) {
                    this.loadingUp = '加载成功';
                }
                else {
                    this.loadingUp = '已经没有更多数据了';
                }
                    bs.finishPullUp();
                    bs.refresh();
            }, 1000);

        });
    });
```

运行后新的数据加载成功，如图11-29所示。恭喜你已经学会了使用BetterScroll滑动库来实现滚动和上拉、下拉功能，赶紧自己去编写代码试试吧。

图 11-29　上拉加载数据

< 222 >

本章小结

　　本章介绍了axios的基本操作，讲解了如何发送GET和POST请求，搭建json-server服务器，完成查询、添加、分页查询等功能；介绍了axios的拦截器，并且讲解了axios的高级应用：Cancel Token取消重复请求、创建实例、并发操作。本章还介绍了BetterScroll 滑动库，讲解了如何结合axios实现滚动和上拉、下拉功能。

习题

　　11-1　搭建json-server服务器。

　　11-2　实现数据下拉刷新和上拉加载功能。

　　11-3　配置跨域请求设置反向代理。

　　11-4　配置JSONP跨域请求。

< 223 >

第12章 Vue CLI

本章首先讲解如何通过Vue CLI构建单页面应用、使用Vue CLI构建工具初始化项目目录并初始化依赖包、安装Vue Router组件、创建Router对象及配置路由、在App.vue中添加路由；接着解析Vue项目文件目录结构，以及如何使用axios访问数据接口；最后通过"单词本"案例手把手教读者使用Vue开发单页面应用。

本章要点

- Vue CLI构建项目的开发步骤；
- Vue项目文件目录结构；
- axios在单页面应用中的使用；
- 单词本开发。

12.1 Vue CLI构建项目

在开发项目前，应首先熟悉Vue CLI的项目结构。本节通过实现添加路由导航，让读者学习Vue CLI开发项目的一些步骤，加深对Vue CLI项目结构的理解。

Vue CLI 构建项目

12.1.1 通过Vue CLI构建工具创建项目

由于Vue项目依赖Node.js、npm或cnpm（建议用cnpm），因此我们需要先安装Node.js和npm，然后安装Vue，使用命令"cnpm install -g vue-cli"（详细安装过程见第1章）。在Vue环境安装完成的情况下，开始创建项目。

（1）打开命令提示符窗口，进入想要创建项目的目录，即D盘的vue-project目录，然后输入"vue create my-project"，按Enter键，如图12-1所示。

（2）执行命令"cnpm run serve"运行项目，浏览器自动打开，如图12-2所示。

图 12-1　创建项目

图 12-2　运行项目

12.1.2　初始化依赖包

读者可按照需要安装其他依赖，在这里介绍常用的几种依赖。
安装项目依赖的命令如下。

```
cnpm install
```

安装Vue路由模块vue-router和网络请求模块axios的命令如下。

```
//注意安装版本，Vue 2建议安装3.5.3版
cnpm install vue-router@3.5.3 --save
```

安装JS依赖的命令如下。

< 225 >

```
cnpm install jquery --save-dev
```

安装CSS依赖的命令如下。

```
1. cnpm install style-loader --save-dev
2. cnpm install css-loader --save-dev
3. cnpm install file-loader --save-dev
```

安装less依赖的命令如下。

```
cnpm install less less-loader --save
```

12.1.3　安装Vue Router组件

如果在创建项目时没有安装Vue Router，也可以后面再安装，安装方式有两种。

一种方式是在package.json中的dependencies属性下添加当前需要安装的Vue Router的版本号，最新的版本号可以去GitHub上搜索，但是要注意Vue 2的项目不能用过高的Vue Router版本，否则路由配置会出错。

```
1. "dependencies": {
2.   "core-js": "^3.8.3",
3.   "vue": "^2.6.14",
4.   "vue-router": "^3.5.3"    //注意版本，"^4.0.16"是Vue 3用的
5. }
```

配置完成之后再执行"cnpm install"命令即可安装。

另一种方式是直接执行下面的命令。

```
cnpm install vue-router -save
//用下面的这个版本不出错
cnpm install vue-router@3.5.3 --save
```

12.1.4　创建Router对象及配置路由

读者可以按照如下步骤创建Router对象并配置路由，结合后文要介绍的添加路由导航来学习。

（1）在main.js同级创建router.js。

（2）router.js文件配置，通过Vue的use方法注入Router，并创建Router 实例，然后配置路由的具体路径。

```
1.  // 引入Vue和vue-router并赋值给相应的Vue和Router
2.  import Vue from 'vue'
3.  import Router from 'vue-router'
4.
5.  import ProductGoods from '@/components/ProductGoods'
6.  import ProductComment from '@/components/ProductComment'
```

< 226 >

```
7.  import ProductSeller from '@/components/ProductSeller'
8.
9.  // 通过Vue的use方法注入Router
10. Vue.use(Router)
11.
12. // 创建Router实例，然后进行routes配置
13. export default new Router({
14. // 路由配置具体的路径是商品、评论、商家
15.   routes: [
16.     {
17.       path: '/ProductGoods',
18.       name: 'ProductGoods',
19.       component: ProductGoods
20.     },
21.     {
22.       path: '/ProductComment',
23.       name: 'ProductComment',
24.       component: ProductComment
25.     },
26.     {
27.       path: '/ProductSeller',
28.       name: 'ProductSeller',
29.       component: ProductSeller
30.     }
31.   ]
32. })
```

（3）在main.js中引入Vue和vue-router并赋值给相应的Vue和Router。

```
import Vue from 'vue'
import App from './App.vue'
import Router from './router.js'    //注意路径
Vue.config.productionTip = false

new Vue({
  router,     //这里配置router
  axios,
  render: h => h(App),
}).$mount('#app')
```

12.1.5　在App.vue中添加路由导航

都配置完成后我们可以在App.vue中添加路由导航。

```
1. <template>
2.   <div id="app">
3. <div class="tab border-1px">
4.
5.         <!-- 1.使用 router-link 组件来导航 -->
6.         <!-- 2.通过传入 'to' 属性指定路径 -->
7.         <!-- <router-link> 默认会被渲染成一个<a>标签 -->
```

< 227 >

```
8.
9.          <router-link class="tab-item" to="/ProductGoods">
                                            商品</router-link>
10.         <router-link class="tab-item" to="/ProductComment">
                                            评论</router-link>
11.         <router-link class="tab-item" to="/ProductSeller">
                                            商家</router-link>
12.    </div>
13.    <router-view></router-view>
14.  </div>
15. </template>
16.
17. <script>
18. export default {
19.   name: 'App'
20. }
21. </script>
22.
23. <style>
24. #app {
25.   font-family: 'Avenir', Helvetica, Arial, sans-serif;
26.   -webkit-font-smoothing: antialiased;
27.   -moz-osx-font-smoothing: grayscale;
28.   text-align: center;
29.   color: #2c3e50;
30.   margin-top: 60px;
31. }
32. </style>
```

在src\components目录下分别创建3个组件。“评论”组件代码如下。

```
1.  <template>
2.    <div class="comment">
3.       // 我是评论
4.    </div>
5.  </template>
6.
7.  <script type="text/ecmascript-6">
8.  export default{
9.        name:"ProductComment"
10. }
11. </script>
12.
13. <style>
14.
15. </style>
```

“商品”组件代码如下。

```
1.  <template>
2.    <div class="goods">
3.       // 我是商品
4.    </div>
```

< 228 >

```
5.  </template>
6.
7.  <script type="text/ecmascript-6">
8.  export default{
9.        name:"ProductGoods"
10. }
11. </script>
12.
13. <style>
14.
15. </style>
```

"商品"组件代码如下。

```
1.  <template>
2.    <div class="seller">
3.      // 我是商家
4.    </div>
5.  </template>
6.
7.  <script type="text/ecmascript-6">
8.  export default{
9.        name:"ProductSeller"
10. }
11. </script>
12.
13. <style>
14.
15. </style>
```

再次打开浏览器查看，如果看到图12-3所示的Vue路由导航界面，说明Vue Router配置成功。

图 12-3　Vue 路由导航

12.2 解析Vue项目文件目录结构

12.2.1 node_modules文件夹

node_modules文件夹下的文件是使用cnpm install 安装生成的文件，都是项目依赖，我们可以

< 229 >

在package.json里看到具体都有哪些依赖。最终生成的项目不会包含全部文件，很多文件都是在开发环节中用到的。

12.2.2 src文件夹

src文件夹结构如下。

```
├── src（项目源码目录）
│   ├── main.js（入口JS文件）
│   ├── App.vue（根组件）
│   ├── components（公共组件目录）
│   │   └── title.vue
│   ├── assets（资源目录，这里的资源会被webpack构建）
│   │   └── images
│   │       └── logo.png
│   ├── routes（前端路由）
│   │   └── index.js
│   ├── store（应用数据）
│   │   └── index.js
```

12.2.3 main.js与App.vue

main.js是项目的入口文件，主要作用是初始化Vue实例并使用需要的插件。代码如下。

```
1.  import Vue from 'vue'
2.  import App from './App'
3.
4.  new Vue({
5.    el: '#app',
6.    template: '<App/>',
7.    components: { App }
8.  })
```

App.vue是主组件，所有页面都是在App.vue下进行切换的，可以理解为所有的路由都是App.vue的子组件。代码如下。

```
1.  <template>
2.    <div id="app">
3.      <img src="./assets/logo.png">
4.      <hello></hello>
5.    </div>
6.  </template>
7.
8.  <script>
9.  import HelloWorld from './components/HelloWorld'
10.
11. export default {
12.   name: 'app',
13.   components: {
```

< 230 >

```
14.    HelloWorld
15.  }
16. }
17. </script>
18.
19. <style>
20. #app {
21.   font-family: 'Avenir', Helvetica, Arial, sans-serif;
22.   -webkit-font-smoothing: antialiased;
23.   -moz-osx-font-smoothing: grayscale;
24.   text-align: center;
25.   color: #2c3e50;
26.   margin-top: 60px;
27. }
28. </style>
```

12.3 axios调用单词接口

axios调用单词接口、实战：单词本

axios是一个基于Promise 的 HTTP 库，可以用在浏览器和Node.js中。axios是对原生XMLHttpRequest的封装，也是目前最流行的AJAX封装库之一，可以很方便地实现AJAX请求的发送。

安装axios插件的命令如下。

```
cnpm  install axios
```

axios的引用：在src的main.js中加入axios，代码如下。

```
1.  import Vue from 'vue'
2.  import App from './App'
3.  import Router from './router'
4.  import axios from 'axios;// 导入axios
5.  Vue.config.productionTip = false

6.  axios.defaults.baseURL="http://www.h5peixun.com"
7.  axios.defaults.headers.post['Content-type']
                          ='application/x-www-form-urlencoded'
8. axios.defaults.timeout=5000;
9. Vue.prototype.$axios = axios
10.
11. new Vue({
12.   el: '#app',
13.   router:Router,
14.   components: { App },
15.   template: '<App/>'
16. })
```

在Router下的index.js中引入vue-router，代码如下。

< 231 >

```
1.  import Vue from 'vue'
2.  import Router from 'vue-router'
3.  import WordList'from '@/components/WordList'
4.  //设置路由
5.  Vue.use(Router)
6.
7.  export default new Router({
8.    routes: [
9.      {
10.       path: '/',
11.       name: 'WordList'',
12.       component: WordList'
13.     }
14.   ]
15. })
```

在App.vue文件中添加router-view标签。

```
<template>
  <div id="app">
    <router-view></router-view>
  </div>
</template>
```

配置好axios后，可在组件页面中发起数据请求。例12-1所示为如何发起axios请求。

【例12-1】使用axios发起请求。

App.vue文件的代码如下。

```
1.  <template>
2.    <div id="app">
3.        <router-view></router-view>
4.    </div>
5.  </template>
6.
7.  <script>
8.  export default {
9.    name: 'App'
10. }
11. </script>
12.
13. <style>
14. #app {
15.   font-family: 'Avenir', Helvetica, Arial, sans-serif;
16.   -webkit-font-smoothing: antialiased;
17.   -moz-osx-font-smoothing: grayscale;
18.   text-align: center;
19.   color: #2c3e50;
20.   margin-top: 60px;
21.
22. }
23. </style>
```

< 232 >

WordList.vue文件的代码如下，注意要给v-for绑定key属性。

```
1.   <template>
2.     <div>
3.         <h4>我的单词本</h4>
4.         <div  v-for =" word in words" :key="word.id" >
5.           <div class="text">
6.             <div style="margin-bottom: 2vh;">
7.             </div>
8.             <div style="margin-bottom: 2vh;">单词: {{word.word}} 
   发音: {{word.pronounce}}</div>
9.               <div>中文意思: {{word.description}}</div>
10.               <br/><br />
11.           </div>
12.         </div>
13.     </div>
14.   </template>
15.
16. <script>
17. export default {
18.   name: 'WordList',
19.   data () {
20.     return {
21.         words:[],
22.         count:0,
23.         page:1,
24.         num:null
25.       }
26.     },
27.     methods:{
28.       show(page){
29.         console.log(page);
30.         this.$axios.get('/soya/apps/testdb/server/?action=wordList.list', {
31.             params: {
32.                     perPage: 3,
33.                 page: this.page
34.             }
35.         }).then((res) => {
36.           console.log(res.data);
37.           this.words = res.data.data;
38.           this.count = res.data.count;
39.         }, (error)=> {
40.            console.log(error);
41.         });
42.       }
43.     },
44.     created(){
45.         this.show(page);
46.     }
47. }
48. </script>
49. <!-- Add "scoped" attribute to limit CSS to this component only -->
50. <style scoped>
```

< 233 >

```
51. h1, h2 {
52.    font-weight: normal;
53.    text-align:center;
54. }
55. ul li{
56.    list-style:none;
57. }
58. .text{
59.    width: 80%;
60.    height: 110px;
61.    background-color:#e5e5e5;
62.    box-shadow: 3px 3px 6px 6px #888888;
63.    margin-left: 10%;
64.    margin-top: 4%;
65.    font-family: 微软雅黑;
66.    font-size: 3vh;
67.    padding: 1%;
68. }
69. </style>
```

例12-1运行后，调用的数据已经从服务器中获取，并且绑定到了words数组中，数据通过ul列表展示出来，如图12-4所示。

图 12-4　使用 axios 发起请求

12.4　实战：单词本

通常我们背单词时都会使用单词本，现在不妨使用Vue CLI来开发一个自己的单词本。单词本的主要功能包括展示单词本、修改和删除单词、添加单词等。

< 234 >

12.4.1 展示单词本

展示单词本界面（WordList.vue界面）在图12-4所示界面的基础上添加"首页""上一页""下一页""末页""转到""添加单词"功能，完善了页面部分内容，如图12-5所示。

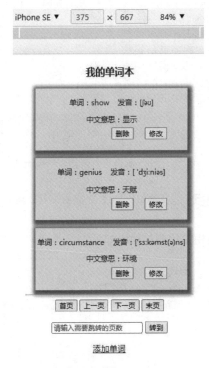

图 12-5　WordList.vue 界面

在WordList.vue界面中增加相关功能的代码如下。

```
1.  <form class="center">
2.  <button v-on:click="changePage(1)" class="button2">首页</button>
3.  <button v-on:click="changePage(--page)" class="button2">上一页</button>
4.  <button v-on:click="changePage(++page)" class="button2">下一页</button>
5.  <button v-on:click="changePage(Math.ceil(count/3))" class="button2"> 末页
</button><br /> <br />
6.  <input type ="text" v-model="num" placeholder="请输入需要跳转的页数" class=
"text1"/>
7.  <button v-on:click="changePage(num)" class="button2">转到</button> <br /> <br />
8.  </form>
```

其中"上一页""下一页"功能是通过编写changePage函数来实现的。

```
1. changePage(param){
2.     console.log("param:"+param);
3.     console.log("count:"+this.count);
4.     //进入首页后page的重置
5.     if(param == 1){
6.             this.page = 1;
7.     }
```

< 235 >

```
8.      //进入末页后page的重置
9.      if(param == Math.ceil(this.count/3)){
10.             this.page = Math.ceil(this.count/3);
11.      }
12.      //正常的切换
13.      if(param>=1&&param<=Math.ceil(this.count/3)){
14.             this.show(param);
15.      }else if(param<1){
16.             alert("已到顶页!");
17.             this.page = 1;
18.      }else if(param>Math.ceil(this.count/3)){
19.             alert("已到末页!");
20.             this.page = Math.ceil(this.count/3);
21.      }
22.      }
```

12.4.2 修改和删除单词

在WordList.vue界面中增加相关功能的代码如下。

```
1. <div class="button">
2.        <button v-on:click="del(word.id)" class="button1">删除</button>
3.        <button style="margin-left: 6vw;" v-on:click="update(word)" class=
"button1">修改
4.        </button>
5. </div>
```

创建UpdWord.vue文件的代码如下。

```
1. <template>
2.        <div>
3.              <div class="biaoti">
4.                    <router-link to ="/">返回</router-link>
5.              </div>
6.              <h1>纠正改错</h1>
7.              <p class="biaoti">一、需要修改的单词</p>
8.              <hr align="center" width="80%"/>
9.              <br />
10.             <div class="text">
11.        单词: {{this.$route.params.word.word}}<br />发音: {{this.$route.
params.word. pronounce}}<br />中文意思: {{this.$route.params.word. description}}
12.             </div>
13.             <hr align="center" width="80%"/><br />
14.             <p class="biaoti">二、请输入修改内容</p>
15.             <hr align="center" width="80%"/><br />
16.        <form class="center">
17.        单词: <input type ="text" v-model="newWord.word"
placeholder="请输入改正后的单词（可选）" class="text1"/><br /> <br />
18.        汉语: <input type ="text" v-model="newWord.description" placeholder =
"请输入修改的汉语意思（可选）" class="text1"/><br /> <br />
```

< 236 >

```
19.          发音: <input type ="text" v-model="newWord.pronounce" placeholder =
"请输入修改后的发音（可选）" class="text1"/>
20.
21.          <br /> <br />
22.          <input type="submit" value="修改单词" v-on:click="update()"
class= "button1"/>
23.        </form>
24.        </div>
25.</template>
26.
27.<script>
28.        export default {
29.                name: 'UpdWord',
30.                data () {
31.                return {
32.                        newWord:{
33.                                word:'',
34.                                pronounce:'',
35.                                description:''
36.                        }
37.                }
38.        },
39.        methods:{
40.              fun(){
41.                   if(this.newWord.word == ''){
42.                        this.newWord.word = this.$route.params.word. word;
43.                   if(this.newWord.pronounce == ''){
44.
45.                        this.newWord.pronounce = this.$route.params. word.
pronounce;
46.                   }
47.                   if(this.newWord.description == ''){
48.
49.        this.newWord.description = this.$route.params.word. description;
50.                   }
51.            },
52.            update(){
53.                this.fun();
54.                let id = this.$route.params.word.id;
55.                let word = this.newWord.word;
56.                let pronounce = this.newWord.pronounce;
57.                let description = this.newWord.description;
58.                this.$axios.post("/soya/apps/testdb/server/?action=wordList.update",{
59.
60.                        id: id,
61.                        word: word,
62.                    pronounce: pronounce,
63.                        description: description
64.
65.                }).then((res)=>{
67.                        console.log(res.data);
68.                        if(res.data.ret == 0){
```

< 237 >

```
69.                              alert("修改成功！");
70.
71.                          }else{
72.                              alert("修改失败！");
73.                          }
74.                      }, (error)=>{
75.
76.                          console.log(error);
77.                      });
78.
79.              }
80.          }
81.      }
82. </script>
83.
84. <style>
85.      .text{
86.          padding-left: 80px;
87.          text-align:left;
88.      }
89. </style>
```

UpdWord.vue界面如图12-6所示，在输入需要修改的内容后单击"修改单词"按钮即可。

图 12-6　UpdWord.vue 界面

在WordList.vue中编写函数del和update来实现修改功能。

```
1. del(id){
2.      this.$axios.post("/soya/apps/testdb/server/?action=wordList.delete", {
3.
```

< 238 >

```
4.                        id: id
5.
6.              }).then((res)=>{
7.
8.                    console.log(res.data);
9.                    if(res.data.ret == 0){
10.                           alert("删除成功！");
11.                    }else
12.                    {
13.                           alert("删除失败！");
14.                    }
15.                    this.show(1);
16.        },(error)=>{
17.          //console.log(1)
18.          console.log(error);
19.        });
20.        },
21.        update(word){
22.        console.log(word);
23.          this.$router.push({
24.          /*由于动态路由也是传递params的，因此在 this.$router.push方法中
25.        path不能和params一起使用，否则params将无效。需要用name来指定页面。
26.            * */
27.          name: 'UpdWord',
28.          params: {
29.              word: word
30.          }
31.        });
32.        }
```

12.4.3 添加单词

在WordList.vue界面中增加的"添加单词"功能的代码如下。

```
1.  <div class="center">
2.      <router-link to ="/addword">添加单词</router-link>
3.  </div>
```

创建文件AddWord.vue，并编写如下代码。

```
1.  <template>
2.      <div>
3.                  <div class="title">
4.                          <router-link to ="/">返回</router-link>
5.                  </div>
6.                  <h1>录入新单词</h1>
7.                  <hr align="center" width="80%" /><br /><br />
8.      <form class="center">
9.        单词: <input type ="text" v-model="newWord.word" placeholder="请输
入一个单词" class="text1"/><br /> <br />
```

< 239 >

```
10.              发音: <input type ="text" v-model="newWord.pronounce"placeholder="
请输入此单词的发音" class="text1"/><br /> <br />
11.          汉语: <input type ="text" v-model="newWord.description" placeholder="
请输入汉语意思" class="text1"/>
12.
13.          <br /> <br />
14.          <input type="submit" value="添加单词" v-on:click="addWord(newWord)"
class="button1"/>
15.       </form>
16.      </div>
17. </template>
18.
19. <script>
20.      export default {
21.              name: 'AddWord',
22.              data () {
23.              return {
24.                      newWord:{
25.                              word:'',
26.                              pronounce:'',
27.                              description:''
28.                          }
29.                  }
30.          },
31.      methods:{
32.              addWord(newWord){
33.                  console.log(newWord.word);
34.                  if(newWord.word == ''){
35.                          alert("输入的单词不能为空! ");
36.                      }else if(newWord.description == ''){
37.                          alert("输入的中文意思不能为空! ");
38.                      }else if(newWord.pronounce == ''){
39.                          alert("输入的单词发音不能为空! ");
40.                      }else{
41.          this.$axios.post("/soya/apps/testdb/server/?action=wordList.insert", {
42.
43.                  word: newWord.word,
44.                  pronounce: newWord.pronounce,
45.                  description: newWord.description
46.
47.              }).then((res)=>{
48.                  console.log(res.data);
49.                  if(res.data.ret == 0){
50.                          alert("添加成功! ");
51.                  else{
52.                          alert("添加失败! ");
53.                  }
54.              }, (error)=>{
55.                  //console.log(1)
56.                  console.log(error);
57.              });
58.          }
59.      }
```

< 240 >

```
60.          }
61.      }
62. </script>
```

AddWord.vue界面如图12-7所示，输入单词信息后单击"添加单词"按钮，调用后台接口添加单词，添加成功后可以继续添加单词。

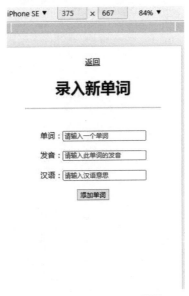

图 12-7 AddWord.vue 界面

本节通过开发一个简单的单词本深入讲解了用Vue CLI构建工具初始化项目，并介绍了如何导入Vue Router和使用axios调用接口，开发基于Vue的前端工程化项目。单词本代码见本书配套资源包。

本章小结

本章介绍了如何通过Vue CLI构建工具初始化项目目录、初始化依赖包、安装Vue Router组件，如何创建Router对象及配置路由、在App.vue中添加路由，解析了Vue项目文件目录结构，说明了应如何结合axios访问远程数据接口，并结合实战讲解了Vue具体的开发流程。

习题

12-1 调用网易有道的接口实现单词自动播放功能。

12-2 调用网易有道的接口实现根据关键字搜索单词的功能。

12-3 调用网易有道的接口实现朗读单词功能。

❗ 提示

使用audio标签调用语音合成接口。

< 241 >

12-4 实现按Enter键添加单词功能。

 提示

可使用如下代码。

```
<input type="text" v-model="newWord.word" placeholder="请输入一个单词"
class="text1" v-on:keyup.enter="addWord(newWord)" />
```

< 242 >

第13章 Vue工程化项目实战

本章讲解Vue在项目实战中的运用，说明应如何使用Vue完整地开发移动端App，介绍组件化、模块化的开发方式。希望读者能掌握一定的前端开发技巧，如图标字体使用、移动端1像素边框、CSS sticky footer布局、flex弹性布局等，掌握工程化项目目录设计方法、基于Vue的UI插件库的使用方法，掌握项目打包中的关键点，以及如何部署项目到nginx服务器。

本章要点

- 项目分析；
- 基于Vue的UI插件库；
- 工程化项目搭建；
- 组件化开发；
- 项目资源准备；
- 项目打包；
- 图标字体制作；
- 项目部署到nginx服务器。

13.1 项目分析

本章将介绍如何使用Vue.js开发一个手机单词本Web App，整个开发过程从需求分析、使用脚手架工具、数据接口调用、架构设计、代码编写、自测、编译打包，到最后上线使用。按照线上生产环境代码质量要求，本章包括代码开发及测试环节，如UI标注、真实数据演示、代码规范（架构设计、组件抽象、模块拆分、代码风格统一、JavaScript变量命名规范、CSS代码规范等），编写的代码可维护性高、易于扩展、通用性强，让读者了解互联网公司是如何开发Web前端项目的。

项目分析、工程化项目搭建

项目功能技术分析：使用axios与后端数据交互；使用Vue Router作为前端路由；实现单页面应用，最大程度组件化；图标字体使用；移动端1像素边框；CSS sticky footer布局；flex弹性布局；BetterScroll上拉、下拉的实现，vue-drawer-layout侧边栏的使用。

在整个过程中读者要动手编写代码，亲自去实现具体的功能。

项目学习内容：Vue.js框架介绍；Vue CLI搭建基本代码框架；Vue Router 官方插件管理路由；axios AJAX通信；webpack构建工具；代码风格检查工具；项目工程化、组件化、模块化；移动端常用开发技巧；flex弹性布局；CSS sticky footer布局；酷炫的交互设计等。

编写代码可能遇到的问题：引入Vue Router的问题；vue-drawer-layout侧边栏单击空白区域自动关闭的问题；iPhone输入框变大的问题；解决代理跨域的问题；JSONP跨域的问题；调用网易有道的接口时，申请项目接口的问题；单击喇叭audio播放的问题；喇叭动态切换的问题；自动播放单词中的逻辑实现的问题；自动播放单词不成功的问题；重新播放的逻辑实现问题；iPhone上页面显示不一致的问题；自动登录问题；nginx服务器的安装和配置问题；Ant Design Vue的插件引入问题；Ant Design Vue局部引入的配置问题；Vue history模式刷新404的问题；使用hash模式解决刷新404的问题；axios没有实现JSONP这个功能，基于axios自己扩展该功能的问题；Vue CLI 4配置多个baseURL环境的问题；axios涉及多个请求域的问题；nginx服务器反向代理解决跨域请求问题；修改Vue打包后文件的接口地址配置的问题；使用iconfont制作小图标的问题；禁止用户后退到登录界面的问题；setInterval控制单词播放的问题等。

读者可以扫描旁边的二维码体验单词本项目的完整效果。

13.2 工程化项目搭建

工程化项目使用Vue CLI搭建。在工地，脚手架是工人们搭建的架子，能帮助工人更好地作业；而在IT技术圈，脚手架工具用来编写基础的代码。Vue CLI就是一个脚手架工具，能够用于搭建目录结构、本地调试、代码部署、热加载、单元测试等。

13.2.1 设计稿

在开发项目前，前端开发人员要根据设计稿设计移动端界面。使用Vue开发单页面应用，页面切换的时候不会刷新，用户体验更好。

登录界面中显示可以使用用户名和手机号两种登录方式，如图13-1所示。

图 13-1 登录界面

< 244 >

登录成功后进入单词展示与添加界面，如图13-2所示。

单击侧边栏可以播放单词、修改密码或安全退出系统，如图13-3所示。

图 13-2　单词展示与添加界面　　　　　　　　　　图 13-3　侧边栏

13.2.2　项目资源准备

前端Web项目开发通常少不了图片素材。本章是实战开发，全部采用线上真实环境做设计，项目目录下多了一个resource目录，其中有img、PSD、SVG、标注等下级目录。

标注目录中是标注好的图片，一般公司设计师会为前端开发人员标注好图片尺寸，标注效果如图13-4所示。有些公司设计师则不会标注，需要前端开发人员自己标注。

img目录中主要存放图片。同样内容的图片，设计师会设计不同的尺寸。设计师可以帮助前端开发人员切图，前端开发人员也可以自己切图，同样内容的图片分别有2倍图、3倍图。一般用于移动端的图片都需要同时提供2倍图和3倍图，以适用于不同DPR（Device Pixel Ratio，设备像素比）的手机。

DPR其实指的是window.devicePixelRatio，是设备上物理像素和DIP（Device Independent Pixel，设备独立像素）的比值，所有的WebKit浏览器和Opera浏览器都支持DPR。

公式表示为

$$window.devicePixelRatio = 物理像素/DIP$$

DIP与屏幕密度有关，可以用来辅助区分屏幕是"视网膜屏幕"还是"非视网膜屏幕"。

所有非视网膜屏幕在纵向显示的时候，宽度物理像素为320px。当使用<meta name="viewport"content="width=device-width">时，设置布局宽度为320px，页面会很自然地覆盖在屏幕上。

在非视网膜屏幕的设备上，物理像素是320px，DIP也是320px，因此，window.devicePixelRatio等于1。

而视网膜屏幕在纵向显示的时候，宽度物理像素为640px。同样，当使用<meta name="viewport" content="width=device-width">时，布局宽度并不是640px，而是320px，这是为了让设备提供更好的用户体验、更合适的文字大小。

< 245 >

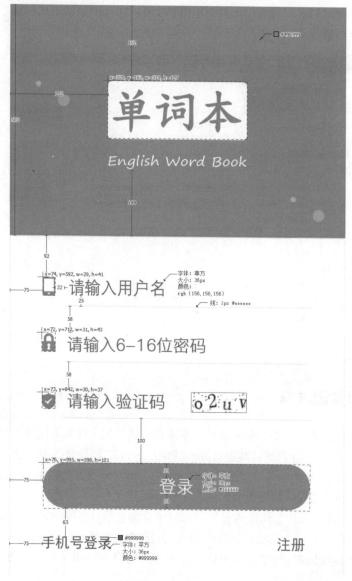

图 13-4 标注尺寸

在具有视网膜屏幕的iPhone上，物理像素是640px，DIR还是320px，因此，window.devicePixelRatio等于2。

非视网膜屏幕的window.devicePixelRatio为1，视网膜屏幕的为2，视网膜屏幕实际的像素数是非视网膜屏幕的两倍。

读者会发现，img目录中有很多2倍图、3倍图，有读者可能会问：为什么把大图片切成单张的小图片？通常我们会使用精灵图（Css Sprites定位技术）来减少图片的请求个数，以达到性能优化的目的。但是在webpack的项目中，建议使用单张图，因为webpack的 url-loader会将引入的图片编码生成Data URL，相当于把图片数据翻译成一串字符，再把这串字符打包到JavaScript文件中，最终只需要引入JavaScript文件就能访问图片。这样，最后可能连一个图片资源的请求都没有。

当然，如果图片较大，编码会消耗性能。因此url-loader提供了一个limit参数，小于limit字节

< 246 >

的文件会被转为Data URL，大于limit字节的文件会被webpack使用file-loader进行复制。

　　我们在开发中还会遇到一个问题：由于DPR不为1，在PC端显示为1px的边框，在移动端其实显示为2px。解决这个问题的主要思路是，使用伪元素设置1px的边框，然后使用媒体查询，根据DPR的大小，对边框进行缩放（scaleY）。参考代码如下。

```
1.  border-lpx($color)
2.              position:relative
3.              &:after
4.                          display:block
5.                          position:absolute
6.                          left:0
7.                          bottom:0
8.                          width:100%
9.                          border-top:1px solid $color
10.                         content:' '
11.  bg-image($url)
12.             background-image:url($url+"@2x.png")
13.             @media(-webkit-min-device-pixel-ratio:3),(min-device-pixel-
ratio:3)
14.                 background-image:url($url+"@3x.png")
15.                 @media(-webkit-min-device-pixel-ratio:1.5),(min-device-
pixel-ratio:1.5)
16.  .border-lpx
17.             &::after
18.                         -webkit-transform:scaleY(0.7)
19.                         transform:scaleY(0.7)
20.  @media(-webkit-min-device-pixel-ratio:2),(min-device-pixel-ratio:2)
21.  .border-1px
22.             &::after
23.                         -webkit-transform:scaleY(0.5)
24.                         transform:scaleY(0.5)
```

　　以上代码使用伪元素设置1px的边框，代码第11行～第14行使用媒体查询2倍图、3倍图，并根据DPR的大小对边框进行缩放，再使用媒体查询根据DPR设计缩放比例。

　　我们在前端开发中还会遇到这样的问题：当制作一个页面时，如果页面内容很少，不足以填充一屏的窗口区域，按普通的方式去布局，就会在窗口底部留下大量空白。有这样一种方式，CSS sticky footer——CSS绝对底部，可解决这个问题，代码如下。

```
1.  //HTML代码
2.  <div class="wrapper clearfix">
3.      <div class="content">
4.       // 这里是页面内容
5.      </div>
6.  </div>
7.  <div class="footer">
8.      // 这里是footer的内容
9.  </div>
10.
11. //CSS代码
12. .wrapper {
```

< 247 >

```
13.      min-height: 100%;
14. }
15. .wrapper .content{
16.      padding-bottom: 50px; /* footer区块的高度 */
17. }
18. .footer {
19.      position: relative;
20.      margin-top: -50px;   /* 使footer区块正好处于content的padding-bottom位置 */
21.      height: 50px;
22.      clear: both;
23. }
24. .clearfix::after {
25.      display: block;
26.      content: ".";
27.      height: 0;
28.      clear: both;
29.      visibility: hidden;
30. }
31. //注意：content元素的padding-bottom、footer元素的高度以及footer元素的margin-top
值必须要保持一致。
```

CSS sticky footer是兼容性极佳的布局方式，各主流浏览器均可完美兼容，适合各种场景。

最后再来介绍flex弹性布局，它用于为盒状模型提供最大的灵活性。将容器设为flex弹性布局以后，子元素的float、clear和vertical-align属性将失效。任何一个容器都可以指定为flex弹性布局，代码如下。

```
1.  #box{
2.      display: flex;
3.      width: 500px;
4.      height: 300px;
5.      border: 10px solid red;
6.  }
```

有6个属性用于在box父容器上控制子元素的显示方式，分别是flex-direction、flex-wrap、flex-flow、justify-content、align-items、align-content。

flex弹性布局在移动端开发设计稿中一般以iPhone 6/7/8的尺寸为标准。

```
1.  //HTML代码
2.  <ul class="box">
3.      <li class="item">a</li>
4.      <li class="item">b</li>
5.      <li class="item">c</li>
6.      <li class="item">d</li>
7.  </ul>
8.
9.  //CSS样式
10. .box{
11. display: -webkit-flex;
12. display: flex;
13. flex-direction:row;
14. justify-content: space-between;
```

< 248 >

```
15. }
16. .item{
17.     width: 200px;
18.     height: 300px;
19.     background: red;
20.     border: 1px solid #ccc;
21.     font-size: 50px;
22.     text-align: center;
23.     line-height: 300px;
24.     color:#fff;
25. }
```

以上代码实现了列表从左向右排列，两侧没有空隙。在此基础上再修改CSS样式"justify-content:space-around;"使两侧空隙是中间空隙的一半，如图13-5所示。

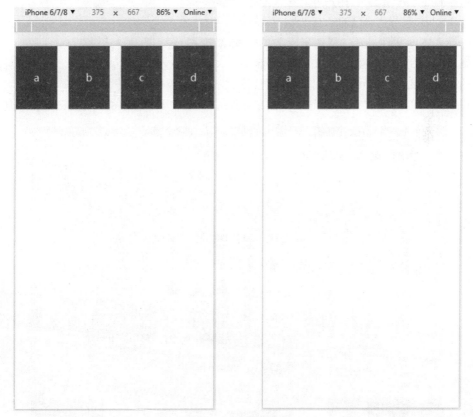

图 13-5　flex 弹性布局

flex弹性布局的优点是提供一种更加高效的方式对容器中的条目进行布局、对齐和空间分配，在条目尺寸未知或动态时也能工作。这种布局方式已经被主流浏览器支持，可以在Web应用开发中使用，尤其是在移动端开发中使用。

13.2.3　图标字体制作

IcoMoon是图标字体在线生成工具，可以依据SVG文件生成图标字体、矢量图，生成的图标

< 249 >

字体和矢量图在放大、缩小的时候不会失真，在屏幕上能够完美展现，对搜索引擎比较友好。

Web设计的一个趋势是在基础框架中尽可能少地使用图片。开发人员可以使用iconfont，iconfont减少了页面上图片的使用，减少了请求次数，提高了应用性能。设计师将图标上传到 iconfont 平台，用户可以自定义下载多种格式的图标；平台也可将图标转换为图标字体，便于前端工程师自由调整与调用。用户也可以自己设置图片颜色，如图13-6所示。

下面重点讲解IcoMoon的使用。打开IcoMoon网站，效果如图13-7所示。

如果本地没有SVG图标，用户可以选择在线的免费图标存入本地。这里讲解导入自己的SVG文件，生成图标字体。

首先导入本地文件或者选择图标库，单击 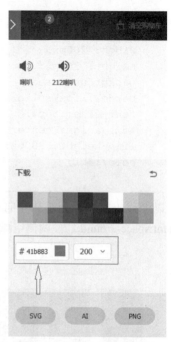 按钮，从本地导入SVG文件。导入文件后，屏幕提示 SVG 字体中的符号已加载，询问导出字体时是否使用此字体的metrics和metadata，单击"Yes"按钮，如图13-8所示。

图 13-6　iconfont 设置图片颜色

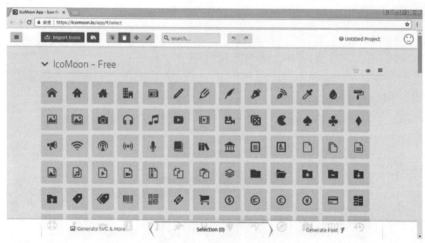

图 13-7　IcoMoon 网站

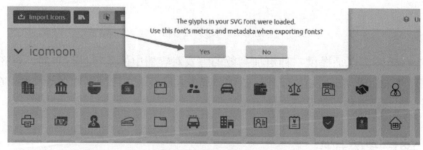

图 13-8　导入本地文件

然后自由选择想要生成的图标，最后单击底部的"Generate Font F"按钮，页面自动跳转，单击"Download"按钮可以将字体文件下载到本地，如图13-9所示。

< 250 >

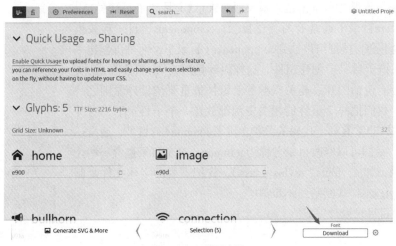

图 13-9　下载到本地

字体文件下载之后需要解压，在项目中需要使用fonts文件夹和style.css文件。fonts是字体文件夹，style.css则是字体的样式文件，如图13-10所示。

名称	修改日期	类型	大小
demo-files	2018/9/25 13:52	文件夹	
fonts	2018/9/25 13:52	文件夹	
demo.html	2018/9/25 13:52	Chrome HTML D...	6 KB
Read Me.txt	2018/9/25 13:52	文本文档	1 KB
selection.json	2018/9/25 13:52	JSON 文件	7 KB
style.css	2018/9/25 13:52	JetBrains WebSt...	1 KB

图 13-10　解压目录

将fonts文件夹和style.css文件复制到项目中，在页面中引入style.css文件后，就可以使用图标字体了，如图13-11所示。

HTML
```
<span class="icon-connection"></span>
```

CSS
```
.icon-connection:before {
  content: "\e91b";
}
```

HTML Entity
```
&#xe91b;
```

Character
```
□
```

ⓘ To add or edit ligatures, press the ƒ button in the toolbar.

图 13-11　使用图标字体

13.2.4　项目目录设计

在编写项目代码之前，我们需要对项目目录结构进行设计。如图13-12所示，所有的代码都

< 251 >

会放到src目录下，其中main.js是入口文件，App.vue是整个页面的Vue实例的文件。src目录下通常有两个子目录。components子目录存放组件文件，一般不会直接把组件放到components子目录下，而是再创建一个子目录，在该子目录中创建组件。这样设计是因为Vue组件除.vue文件之外，还可能包括图片、相关资源等。组件最重要的设计原则之一是就近维护。我们把一个组件的相关资源都放在一个子目录下，对外是隔离的，这样非常有利于代码的维护。除了components目录，通常还有assets目录，我们可以修改目录名称为common。这个目录包含一些公共资源子目录，如js、fonts、stylus（sass）。先把下载的字体文件复制过来，再把style.css样式复制到stylus中。

至此，项目目录设计完成。

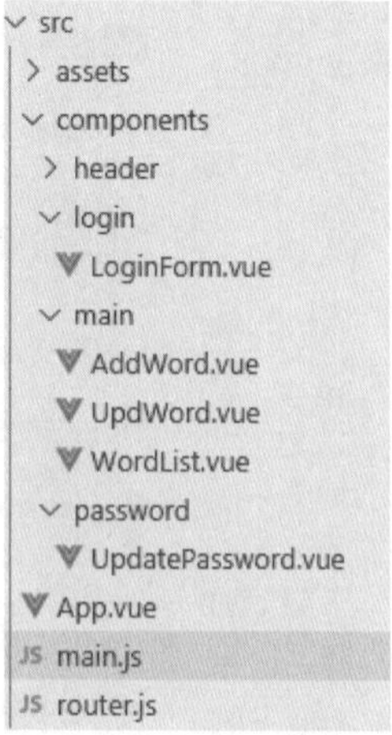

```
∨ src
  > assets
  ∨ components
    > header
    ∨ login
      🗸 LoginForm.vue
    ∨ main
      🗸 AddWord.vue
      🗸 UpdWord.vue
      🗸 WordList.vue
    ∨ password
      🗸 UpdatePassword.vue
    🗸 App.vue
  JS main.js
  JS router.js
```

图13-12　项目目录结构

13.2.5　基于Vue的UI插件库——Element和Ant Design Vue

本节讲解Vue引入Element、Ant Design Vue的方法。首先来学习Vue引入Element的方法。

（1）CDN引入。在页面上引入JavaScript和CSS文件，即可开始使用Element。

```
<!-- 引入样式 -->
<link rel="stylesheet"
      href="https://unpkg.com/element-ui/lib/theme-chalk/index.css">
<!-- 引入组件库 -->
<script src="https://unpkg.com/element-ui/lib/index.js"></script>
```

（2）npm安装。推荐使用npm安装方式，它能更好地和webpack打包工具配合使用。

```
npm i element-ui -S
```

在引入 Element时，可以选择引入整个 Element，或是根据需要仅引入部分组件。这里介绍如何引入整个Element，并传入一个全局配置对象。size 用于改变组件的默认尺寸，zIndex 设置初始高度（默认值：2000）。

```
import Vue from 'vue';
import ElementUI from 'element-ui';
import 'element-ui/lib/theme-chalk/index.css';
import App from './App.vue';
//Vue.use(ElementUI);
Vue.use(Element, { size: 'small', zIndex: 3000 });//传入一个全局配置对象

new Vue({
  render: h => h(App),
}).$mount('#app')
```

引入Element后，一个基于 Vue 和 Element 的开发环境就已经搭建完毕，可以开始编写代码了。各个组件的使用方法请参阅官方文档。

其次，我们再介绍另一个常用的UI插件库Ant Design Vue。这里引入的是 ""ant-design-

< 252 >

vue": "^1.7.8""（注意版本要与Vue的版本匹配，否则会报错）。Ant Design Vue是可实现用户开发和服务于企业级后台的产品。

这里介绍npm安装，如果网络环境不佳，推荐使用 cnpm命令。

```
// 注意版本 "ant-design-vue": "^1.7.8"，在package.json中修改版本号
$ npm install ant-design-vue@next -save
```

组件完整引入参考如下代码，需要注意的是，样式文件需要单独引入。

```
import Vue from 'vue';
import App from './App.vue';
import { DatePicker } from "ant-design-vue";
import "ant-design-vue/dist/antd.css";
// 或者"ant-design-vue/dist/antd.less"
Vue.use(DatePicker);
new Vue({
  render: h => h(App),
}).$mount('#app')
```

这里推荐使用局部组件引入，参考如下代码。

```
import Vue from 'vue';
import App from './App.vue';
import { Button, Message } from 'ant-design-vue';
/* 会自动注册 Button 下的子组件，如 Button.Group */
Vue.use(Button)
Vue.prototype.$message = message;

new Vue({
  render: h => h(App),
}).$mount('#app')
```

还需要在babel.config.js文件中添加按需引入的相关配置。

```
module.exports = {
  presets: [
    '@vue/cli-plugin-babel/preset',
    '@babel/preset-env'
  ],
  plugins: [
    [
      'import',
      {
        libraryName: 'ant-design-vue',
        libraryDirectory: 'es',
        style: 'css'
      }
    ]
  ]
}
```

引入成功后就可以开始实现基于Ant Design Vue的界面了。当然程序员也可以实现不使用前

< 253 >

端UI插件的界面。单词本项目使用了Ant Design Vue中的message消息框，具体代码参考单词本项目配套资源包。

13.3 组件化开发

本节编写Web App的页面代码。首先来看页面的整体设计和组件的拆分，项目中使用组件化的开发，将整个页面看作App.vue的一个大组件，结合设计稿把页面拆分成小的组件，页面间切换使用Vue Router来实现。

项目目录中有static目录，在static目录下创建css目录，并复制 reset.css文件到该目录。通常在开发前端页面时需要把一些标签的默认样式重置，这里使用CSS官网提供的一个标准的reset样式，在这个文件中可以自定义一些通用标签样式及与WebKit相关的CSS设置。最后在index.html中使用link标签引入reset.css文件。

```html
<link rel="stylesheet" type="text/css" href="reset.css" />
```

下面就来开发Login.vue组件，代码如下。

```
1.   <template>
2.       <div class="wrapper">
3.           <img src="../../assets/logo-bg.jpg" width="100%"/>
4.           <div>
5.             <div class="login-wrap" v-show="showLogin">
6.                 <p v-show="showTishi">{{tishi}} </p>
7.                 <div class="txtWrapper">
8.                     <div class="imgwrapper"> <imgsrc="../../assets/model.
png"width="100%"/></div>
9.                     <input class="input" type="text"v-model="userName"
placeholder="请输入用户名"/>
10.                 </div>
11.                 <div class="txtWrapper">
12.                     <div class="imgwrapper"> <img src="../../assets/
password. png" width="100%"/></div>
13.                     <input class="input" type="password" v-model=
"password" placeholder="请输入6-16位密码" />
14.                 </div>
15.                 <div class="txtWrapper">
16.                     <div class=" imgwrapper"> <img src="../../assets/
code. png"width="100%"/></div>
17.                     <input class="input" type="text" width="40px"
v-model="verifyCode" placeholder="请输入验证码"/>
18.                     <img v-bind:src="verifyImg "v-on:click="sendSms()"/>
19.                 </div>
20.
21.                 <button class="button4" v-on: click="login">登录</button>
22.                 <div class="desc">
23.                     <span v-on:click= "To LoginMobile">手机号登录</span>
24.                     <span v-on:click=" To Register">注册</span>
```

< 254 >

```
25.              </div>
26.          </div>
27.          <div class="login-wrap" v-show=" show LoginMobile">
28.              <!--<h3>登录</h3>-->
29.              <p v-show="showTishi">{{tishi}} </p>
30.              <div class="txtWrapper">
31.                  <div class=" img wrapper" ><img src="../../assets/
model.png" width="100%"/></div>
32.                  <input class="input"type ="text" v-model="mobile"
placeholder="请输入手机号"/>
33.              </div>
34.              <div class="txtWrapper">
35.                  <div class="img wrapper" ><img src="../../assets/
code. png" width="100%"/></div>
36.                  <input class="input"type= "text" placeholder="请输入验
证码" v-model="verifyCodeSms">
37.                  <button class=" btnCode "v-on:click="sendMobileSms()">
发送验证码</button>
38.              </div>
39.              <button class="button4" v-on: click="loginMobile">登录</
button>
40.              <div class="desc">
41.                  <span v-on:click= "To Register">没有账号，马上注册</
span>
42.                  <span v-on:click= "To Login">登录</span>
43.
44.              </div>
45.
46.
47.          </div>
48.
49.          <div class="login-wrap" v-show="show Register">
50.              <!--<h3>注册</h3>-->
51.              <p v-show="showTishi">{{tishi}} </p>
52.              <div class="txtWrapper">
53.                  <div class="imgwrapper" ><img src="../../assets/
model. png" width="100%"/></div>
54.                  <input type="text"class ="input"placeholder="请输入用
户名" v-model="userName">
55.              </div>
56.              <div class="txtWrapper">
57.                  <div class="imgwrapper" ><img src="../../assets/
password.png" width="100%"/></div>
58.                  <input type="password" class="input"placeholder="请输
入6-16位密码" v-model="password1">
59.              </div>
60.              <div class="txtWrapper">
61.                  <div class="imgwrapper" ><img src="../../assets/
password.png" width="100%"/></div>
62.                  <input type="password" class="input" placeholder="请
再次输入密码" v-model="password2">
63.              </div>
```

< 255 >

```
64.              <div class="txtWrapper">
65.                  <div class="imgwrapper" ><img src="../../assets/code.
png" width="100%"/></div>
66.                  <input type="text" class= "input" placeholder="请输入
校验码" v-model="verifyCode">
67.                  <img v-bind:src= "verifyImg"  v-on:click="sendSms()">
68.              </div>
69.
70.              <button class="button4" v-on: click="login">注册</button>
71.              <div class="desc">
72.                  <span v-on:click=" ToLogin"> 已有账号? 马上登录</span>
73.
74.              </div>
75.          </div>
76.
77.       </div>
78.     </div>
79.
80. </template>
81. <style scoped>
82.     .wrapper{
83.       background: #ffffff;
84.       height: 100%;
85.     }
86.       .login-wrap{
87.           text-align:center;
88.           padding-top: 46px;
89.           width: 100%;
90.       }
91.       .txtWrapper{
92.           display: flex;
93.           justify-content: flex-start;
94.           align-items: center;
95.           border-bottom:1px #eee solid;
96.           margin:0 38px;
97.           padding-bottom: 12px;
98.           margin-bottom: 29px;
99.       }
100.      .desc{
101.          display: flex;
102.          justify-content: space-between;
103.          align-items: center;
104.          margin:28px 38px;
105.          font-size: 14px;
106.          color: #999999;
107.      }
108.      .imgwrapper{
109.          flex: 0 0 18px;
110.      }
111.
112.       .input{
113.           display:block;
114.           outline:none;
```

< 256 >

```
115.            border: 0;
116.            box-sizing:border-box;
117.            margin-left: 10px;
118.            font-size: 16px;
119.
120.        }
121.        .button4{
122.            display:block;
123.            width:calc(100% - 76px);
124.            height:50px;
125.            line-height: 50px;
126.            margin:0 38px;
127.            margin-top: calc(100px - 29px);
128.            border:none;
129.            background-color:#41b883;
130.            color:#fff;
131.            font-size:18px;
132.            border-radius: 25px;
133.        }
134.        .btnCode{
135.            background-color:#41b883;
136.            color: #ffffff;
137.            border: 0;
138.            border-radius: 3px;
139.            height: 28px;
140.            line-height: 28px;
141.        }
142.        span{cursor:pointer;}
143.        span:hover{color:#41b883;}
144.    </style>
```

WordList.vue组件代码如下，注意，vue-drawer-layout侧边栏的关闭需要调用@mask-click方法。

```
1.  <template>
2.      <vue-drawer-layout
3.              ref="drawerLayout" :drawer-width="200" @mask-click="handleDrawerClose">
4.          <div class="drawer" slot="drawer">
5.              <div class="text">
6.                  <p class="user">{{name}}</p>
7.                  <ul class="drawerList">
8.                      <li @click="modifyPassword">
9.                          <img src="../../assets/password.png" width="15px"/>
10.                         修改密码
11.                     </li>
12.                     <li @click="quit">
13.                         <img src="../../assets/exit.png" width="20px"/>
14.                         安全退出
15.                     </li>
16.                 </ul>
17.             </div>
18.             <a href="javascript:void(0)" class="close"
```

< 257 >

```
19.                    @click="handleToggleDrawer">
20.                        <img src="../../assets/return.png" width="18px"/> 返回
21.                </a>
22.            </div>
23.            <div class="content" slot="content" ref="viewBox">
24.                <Header :title="title"></Header>
25.                <div class="section">
26.                    <ul class="list" >
27.                        <li v-for=" (word,index) in words" :key="word.id">
28.                            <div>
29.                                <div>
30.                                    <span class="words">{{word.word}}</span>
31.                                    <span class="syllable">[{{word.pronounce}}]
</span></div>
32.                                    <p class="chinese">{{word.description}}</p>
33.                                </div>
34.                                <div class="btngroud">
35.                                    <button v-on:click="del(word.id)" class=" delbtn">
删除</button>
36.                                    <button v-on:click="update(word)" class="
modifybtn"> 修改</button>
37.                                </div>
38.                            </li>
39.                        </ul>
40.                </div>
41.                <a href="javascript:void(0)" class="btn"
42.                    @click="handleToggleDrawer">
43.                        <img src="../../assets/menu.png" width="20px"/>
44.                </a>
45.            </div>
46.        </vue-drawer-layout>
47. </template>
48. <style scoped>
49.     .user {
50.         height: 100px;
51.         line-height: 100px;
52.         font-size: 20px;
53.         font-weight: bold;
54.     }
55.
56.     .section {
57.         margin-top: 55px;
58.         margin-bottom: 40px;
59.     }
60.
61.     .list li {
62.         display: flex;
63.         justify-content: space-between;
64.         align-items: flex-start;
65.         background: #ffffff;
66.         border-radius: 3px;
67.         margin: 0 10px;
68.         padding: 12px;
```

< 258 >

```
69.            text-align: left;
70.            border: 1px #eee solid;
71.            margin-top: 12px;
72.
73.        }
74.
75.        .content {
76.            height: 100%;
77.            overflow: auto;
78.        }
79.
80.        .list li .words {
81.            font-size: 16px;
82.            font-weight: bold;
83.            margin-right: 8px;
84.        }
85.
86.        .list li .syllable {
87.            font-size: 12px;
88.            color: #666;
89.        }
90.
91.        .list li .chinese {
92.            font-size: 12px;
93.            color: #666;
94.        }
95.
96.        .list li .delbtn {
97.            border-radius: 20px;
98.            width: 48px;
99.            height: 19px;
100.           line-height: 16px;
101.           color: #41b883;
102.           border: 1px #41b883 solid;
103.           font-size: 10px;
104.           text-align: center;
105.           display: inline-block;
106.        }
107.
108.       .list li .modifybtn {
109.               border-radius: 20px;
110.               width: 48px;
111.               height: 19px;
112.               line-height: 16px;
113.               color: #ffffff;
114.               border: 1px #41b883 solid;
115.               background: #41b883;
116.               font-size: 10px;
117.               text-align: center;
118.               display: inline-block;
119.          }
120.
121.        .btn {
```

< 259 >

```
122.          position: fixed;
123.          left: 10px;
124.          top: 0;
125.          top: 12px;
126.          z-index: 2;
127.        }
128.
129.      .btngroud {
130.          flex: 0 0 100px;
131.        }
132.
133.      .drawerList li {
134.          display: flex;
135.          align-items: center;
136.          margin-left: 20px;
137.          line-height: 45px;
138.        }
139.
140.      .drawerList li img {
141.          margin-right: 10px;
142.        }
143.
144.      button {
145.          background: none;
146.        }
147.
148.      .close {
149.          position: fixed;
150.          bottom: 10px;
151.          right: 35%;
152.          color: #41b883;
153.          text-decoration: none;
154.          font-size: 14px;
155.          align-items: center;
156.          display: flex;
157.          font-weight: bold;
158.
159.        }
160.
161.      h1, h2 {
162.          font-weight: normal;
163.          text-align: center;
164.        }
165.
166.      ul li {
167.          list-style: none;
168.        }
169.
170.      .drawer {
171.          height: 100%;
172.        }
173.
174.      .text {
```

```
175.         width: 70%;
176.         height: 100%;
177.         background-color: #ffffff;
178.         box-shadow: 3px 3px 6px 6px #888888;
179.         font-family: 微软雅黑;
180.         font-size: 2.1vh;
181.     }
182.
183.     .button {
184.
185.         display: flex;
186.         flex-direction: row;
187.
188.         padding-left: 50%;
189.         padding-top: 2%;
190.     }
191.
192.
193.  </style>
```

AddWord.vue组件代码如下。

```
1.   <template>
2.              <div class="wrapper">
3.                      <Header :title="title" :back="back"></Header>
4.                      <!--<div class="title">-->
5.                          <!--<router-link to ="/WordList">返回</router-
link>--> <!--</div>-->
6.
7.  <p class="title">录入新单词</p>
8.                      <div class="section">
9.                              <ul>
10.            <li>
11.               <span>单词</span>
12.               <input type ="text" v-model="newWord.word"placeholder=
"请输入一个单词" class="text1"/>
13.               </li>
14.               <li>
15. <span>发音</span><input type ="text" v-model="newWord.pronounce" placeholder="请
输入此单词的发音" class="text1"/>
16.
17.               </li>
18.               <li>
19. <span>中文</span><input type ="text" v-model="newWord.description" placeholder=
"请输入汉语意思" class="text1"/>
20.
21.               </li>
22.                              </ul>
23.                      </div>
24.                      <button v-on:click="addWord(newWord)"class=" button1">
确认添加</button>
25.          </div>
26. </template>
```

< 261 >

```
27. <style scoped>
28.          .wrapper{
29.                  margin-top: 55px;
30.                  text-align: left;
31.          }
32.          .title{
33.                  padding-left: 23px;
34.                  margin-bottom: 10px;
35.                  color: #999;
36.          }
37.          .section{
38.                  background: #ffffff;
39.                  padding:0 23px;
40.          }
41.          .section li{
42.                  height: 55px;
43.                  line-height: 55px;
44.                  border-bottom: 1px #eee solid;
45.                  font-size: 16px;
46.          }
47.          .section input{
48.                  border: none;
49.                  margin-left: 16px;
50.                  font-size: 14px;
51.          }
52.          .button1{
53.                  border: 0;
54.                  background: #41b883;
55.                  border-radius: 3px;
56.                  height: 42px;
57.                  width:calc(100% - 66px);
58.                  margin:80% 33px 10% 33px;
59.                  font-size: 16px;
60.                  font-weight: bold;
61.
62.                  color: #ffffff;
63.          }
64. </style>
```

UpdatePassword.vue组件代码如下。

```
1.  <template>
2.          <div class="wrapper">
3.          <Header :title="title" :back="back"></Header>
4.          <div class="section" v-show="showUpdatePassword">
5.          <p v-show="showTishi">{{tishi}}</p>
6.          <input type="hidden"  v-model="userName">
7.          <ul>
8.              <li>
9.                  <span><img src="../../assets/password.png" width=" 15px"/>
</span>
10.                  <input type="password" class="input" placeholder="请输
入旧密码" v-model="oldPassword">
```

< 262 >

```
11.                          </li>
12.                          <li style="height: 10px;background: #f6f6f6"></li>
13.                          <li>
14.                              <span><img src="../../assets/password.png" width=" 15px"/>
</span>
15.                              <input type="password" class="input" placeholder="请输
入新密码" v-model="password1">
16.
17.                          </li>
18.                          <li>
19.                              <span><img src="../../assets/password.png" width=" 15px"/>
</span>
20.                              <input type="password" class="input" placeholder="确认
新密码" v-model="password2">
21.
22.                          </li>
23.                      </ul>
24.                  </div>
25.              <button v-on:click="upatePassword" class="button1">确认修改</button>
26.              </div>
27. </template>
28. <style scoped>
29.     .wrapper{
30.         margin-top: 55px;
31.     }
32.     .button1{
33.         border: 0;
34.         background: #41b883;
35.         border-radius: 3px;
36.         height: 42px;
37.         width:calc(100% - 66px);
38.         margin:80% 33px 10% 33px;
39.         font-size: 16px;
40.         font-weight: bold;
41.
42.         color: #ffffff;
43.     }
44.     .section{
45.         background: #ffffff;
46.     }
47.     .section li{
48.         height: 55px;
49.         line-height: 55px;
50.         border-bottom: 1px #eee solid;
51.         font-size: 16px;
52.         display: flex;
53.         align-items: center;
54.         padding:0 23px;
55.     }
56.     .section input{
57.         border: none;
58.         margin-left: 16px;
59.         font-size: 14px;
```

< 263 >

```
60.        }
61. </style>
```

根据项目需求拆分组件就介绍到这里，其他组件代码参考资源包中的项目完整文件。

13.4 使用axios调用后台接口

13.4.1 理解后台接口文档

通常后台开发人员都会编写App和后台共用接口的文档，前端开发人员在拿到文档后可以参考文档说明调用接口。图13-13所示的是单词本App接口文档的部分内容，是实现手机号登录的后台接口说明。

1 App 和后台共用接口

1.1用户管理

1.1.1登录（前端校验）

API 代码	loginByMobile	API 名称	用户登录	API 编号	
请求类型	http-get	响应类型	JSONP	鉴权要求	否
API 说明	用户在 APP 上登录，获取用户信息。				
请求格式	http://app.sencha.com.cn/soya/apps/testdb/server/?action=user.loginByMobile				
请求参数	类型及范围	必选	说明		
mobile	String	M	手机号（11 位数字）		
verifvCodeSms	String	M	手机验证码		

应答格式	{
	　　"ret": 0,
	　　"msg": "执行成功",
	　　"data": {
	　　　　"userId": "13",
	　　　　"userName": "13363090625",
	　　　　"realName": "13363090625",
	　　　　"mobile": "13363090625"
	　　}
	};				

应答参数	类型及范围	必选	说明
userID	String	M	用户 ID
username	String	M	用户名
realName	String	M	真实姓名
mobile	String	M	联系电话
相关错误			
Code	Message		Description
0	ok		操作成功

图 13-13　接口文档部分内容

< 264 >

　　从文档中可以看出App调用手机号登录的接口名称、接口请求参数、应答格式、应答参数类型，以及接口相关错误编码。除此之外，文档还提供了接口调用示例。

　　在开发中难免会出现接口编写问题，有时候后台接口调用不成功，前端开发人员要及时与后台开发人员沟通，尽早解决问题，提高开发效率。

13.4.2　根据文档调用接口

　　读懂接口文档后，我们就可以实现手机号登录功能。手机号登录需要输入手机号和验证码，那就需要调用两个接口，一个是根据手机号获取验证码的接口，另一个是使用手机号和验证码登录的接口。先来调用获取验证码的接口。

　　编写sendMobileSms函数调用接口，并根据接口文档传递请求参数的手机号。使用axios调用后台接口。

```
//使用手机号登录
        sendMobileSms() {
            var url=
 "/soya/apps/testdb/server/?action=user.sendVerifySms&mobile="+this.mobile
            this.$axios({
                method: 'post',
                url: url,
            })  .then(res => {
                console.log(res);
            })
        },
```

　　获取验证码调用成功后，继续编写loginMobile函数，实现手机号登录。手机号登录需要传递手机号和验证码两个参数。参考下面的代码开发具体业务的逻辑功能。

```
loginMobile() {
        if (this.mobile == "" || this.verifyCodeMobile == "") {
            this.$message.success("请输入手机号码与验证码")
        } else {
            var url
= '/soya/apps/testdb/server/?action=user.loginByMobile'
            this.$axios({
                method: 'post',
                url: url,
                params: {
                    mobile: this.mobile,
                    verifyCodeSms: this.verifyCodeSms
                },
            }).then(res => {
                // console.log(res.data.ret)
                // console.log(res.data.msg)
                if (res.data.ret == 0) {
                    setCookie('userName', this.mobile, 1000 * 60)
                    this.$router.push('/WordList')
                }
            })
```

< 265 >

```
      }
    },
```

接口调用成功，在浏览器控制台中可以查看调用接口返回的数据，如图13-14所示。

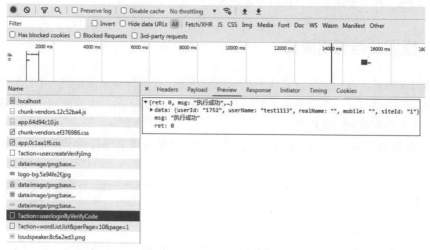

图 13-14　调用接口返回的数据

13.4.3　具体业务逻辑开发

下面实现使用用户名、密码、图片验证码登录。编写sendSms函数调用图片验证码，参考接口文档调用user.createVerifyImg接口，并把返回的图片绑定到this.verifyImg上。

```
//图片验证码
        sendSms() {
            var url =
  "/soya/apps/testdb/server/?action=user.createVerifyImg";
            this.$axios({
                method: 'post',
                url: url
            }).then(res => {
                this.verifyImg = res.data.data.pic;
                //console.log(res.data.data.pic);
            })
        },
```

编写login方法实现用户名、密码、图片验证码登录，并调用user.loginByVerifyCode接口，传递请求参数userName、password、verifyCode。请求成功后把用户名保存到cookie中，使用路由转到WordList.vue界面中。

```
login() {
            if (this.userName == "" || this.password == "" || this.verifyCode == "") {
                this.$message.success("用户名密码验证码不能为空");
            } else {
                let ua = navigator.userAgent;
                let passwd = nemoMD5(this.password);
```

< 266 >

```
                    passwd = nemoMD5(ua + passwd);
                    this.$axios.post(' /soya/apps/testdb/server/?action=user.
loginByVerifyCode', {
                        userName: this.userName,
                        password: passwd,
                        verifyCode: this.verifyCode
                    }).then(res => {
                        //console.log(res.data.ret);
                        //console.log(res.data.msg);
                        if (res.data.ret == 0) {
                            this.$message.success("登录成功")
                            setCookie('userName', this.userName, 1000 * 60);
                            setCookie('passwd', passwd, 1000 * 60);
                            this.$router.push('/WordList')
                        }else{
                            this.$message.success(res.data.msg)
                        }
                    })
                }
            }
```

注册功能和登录功能基本相似，参考接口文档先调用接口user.existsOfUser判断用户名是否存在，再调用接口 user.register实现注册。注册成功后转到登录界面。

```
register() {
    if (this.userName == "" || this.password1 == "" || this.verifyCode == "") {
                this.$message.success("请输入用户名或密码或校验码")
        } else if (this.password1 != this.password2) {
                this.$message.success("两次密码不一致")

        } else {
            //检查用户是否已经存在
            let url =
"/soya/apps/testdb/server/?action=user.existsOfUser&userName=" + this.userName;
            //发送JSONP请求
            this.$axios(url).then(res => {
                //console.log(res.data.ret);
                if (res.data.ret == 308) {
                    //注册账户
                    let pwd = nemoMD5(this.password1);
                    this.$axios.post(
'/soya/apps/testdb/server/?action=user.register', {
                        userName: this.userName,
                        password: pwd,
                        verifyCode: this.verifyCode
                    }).then(res => {
                        if (res.data.ret == 0) {
                            this.$message.success("注册成功");
                            this.userName = ''
                            this.password1 = ''
                            this.password2 = ''
                            this.verifyCode = ''
                            this.ToLogin();
```

< 267 >

```
                                }
                            })
                    } else {
                        this.$message.success("用户名已经存在");
                    }
                })
            }
        },
```

修改密码功能参考接口文档调用接口user.changePassword，并传递请求参数password、oldPassword。调用成功后删除cookie中的用户信息，转到登录界面重新登录。

```
    upatePassword() {

      let ua = navigator.userAgent;
              this.oldPassword = nemoMD5(this.oldPassword);
               this.oldPassword = nemoMD5(ua +this.oldPassword);
              if(this.oldPassword!=this.passwd){
                  this.$message.success("旧密码不正确");
                  event.preventDefault()
                  return;
              }
              if (this.password1 == "" || this.password2 == "") {
                   this.$message.success("新密码确认密码不能为空");
                  event.preventDefault()
                  return;
              }
              if (this.password1 != this.password2) {
                   this.$message.success("两次输入密码不一致，请重新输入! ");
                  event.preventDefault()
                  return;
              }
              let pwd = nemoMD5(this.password1);
              let oldpwd = nemoMD5(this.oldPassword);
              var url =
    " /soya/apps/testdb/server/?action=user.changePassword"
              this.$axios.post(url, {  password: pwd, oldPassword: oldpwd  })
.then((res) => {
                   console.log("-------------------------------" + res);
                  // console.log(res.data.ret);
                  // console.log(res.data.msg);
                  delCookie('userName');
                  this.$message.success("修改密码成功! ");
                  this.$router.push('/');
              })
          }
```

自动播放单词功能使用v-show结合setInterval来实现，设置currentIndex，每2秒让currentIndex递增1，并且实现"暂停"和"下一个"的功能，具体代码示例如下。

```
    <template>
    <div class="wrapper">
```

< 268 >

```
        <Header :title="title" :back="back"></Header>

        <div class="wordsWrapper" v-for="(wordObj,index)
    in words" :key="wordObj.id" v-show="index===currentIndex">
            {{page}}组第{{index+1}}个
            <p class="words">{{wordObj.word}}</p>
            <p class="sp">[{{wordObj.pronounce}}]</p>
            <p class="chinese">{{wordObj.description}}</p>
            <audio ref="audio" muted>
                <source :src="wordObj.speakUrl"> </audio>
        </div>

        <div v-if="isshow">
            <button class="button1" v-on:click="start()">{{startorstop}}</button>
            <button class="button1" v-on:click="next()">下一个</button>
        </div>
        <div v-else>
            <button class="button1" v-on:click="restart()">重新播放</button>
        </div>

    </div>
</template>

<script>
import { getCookie } from '../../assets/js/cookie.js'
import Header from "../header/HeaderForm";
export default {
    name: 'RadioForm',
    components: { Header },
    data() {
        return {
            title: "自动播放单词",
            back: "/WordList",
            currentIndex: 0,
            //刷新的reload依赖
            inject: ['reload'],
            timer: null,
            page: 1,
            startorstop: '开始',
            words: [],
            isshow: true,
            wordObj: {
                word: '',
                pronounce: '',
                description: '',
                speakUrl: ''
            }
        }
    },
    methods: {
        initData() {
            this.$axios.get("/soya/apps/testdb/server/?action=wordList.list&perPage=
30&page=" + this.page).then((res) => {
```

< 269 >

```
                        this.words = res.data.data;

                });
        },

        startInterval() {

            this.timer = setInterval(() => {
                //console.log(this.words[this.currentIndex].speakUrl);
                // console.log(this.$refs.audio[this.currentIndex]);

                this.$refs.audio[this.currentIndex].play();

                setTimeout(() => {
                    if (this.words.length < 30 && this.currentIndex == this.
words.length - 1) {
                        this.isshow = false;

                        this.$message.success("恭喜您，已经复习完了");
                        clearInterval(this.timer);
                    }
                    if (this.currentIndex > this.words.length - 1) {
                        this.page = ++this.page;
                        this.currentIndex = 0;
                        this.$axios.get("/soya/apps/testdb/server/?action=
wordList.list&perPage=30&page=" + this.page).then((res) => {
                            if (res.data.data.length != 0) {
                                this.words = res.data.data;
                            } else {
                                this.$message.success("恭喜您，已经复习完了");
                                this.isshow = false;

                                clearInterval(this.timer);
                            }
                        });
                    }
                    if (this.timer != null) {
                        this.currentIndex++;
                    }

                }, 2000)

            }, 2500)
        },
        start() {
            if (this.startorstop == "开始") {
                this.startInterval();
                this.startorstop = "暂停";
            } else {
                this.startorstop = "开始";
                clearInterval(this.timer);
                this.timer = null;
            }
```

< 270 >

```
            },
            next() {

                if (this.timer == null) {
                    // this.startInterval();
                    this.currentIndex++;
                    if (this.currentIndex < this.words.length) {
                        this.$refs.audio[this.currentIndex].play();
                    }else{
                        this.isshow = false;
                    }
                }
            },
            restart() {
                this.timer = null;
                this.currentIndex=0;
                this.initData();
                this.isshow = true

                this.startorstop = "开始";
            }
        },
        mounted() {

            let uname = getCookie('userName');
            this.name = uname;
            if (uname == "") {
                this.$router.push('/');
                return;
            }
            this.initData();
        },
        beforeDestroy() {
            clearInterval(this.timer);
            //this.$refs.audio[this.currentIndex].pause();


        }

}
</script>

<style scoped>
.wrapper {
    padding-top: 55px;
}

.wordsWrapper {
    background: #ffffff;
    margin-bottom: 12px;
    padding: 20px 0;
    color: #666;
    height: 300px;
}
```

< 271 >

```css
.wordsWrapper .words {
    font-size: 25px;
    color: #44c293;
    font-weight: bold;
    padding: 10px 0;
}

.wordsWrapper .chinese {
    padding: 10px;
}

.section {
    background: #ffffff;

}

.section ul {
    margin: 10% 33px;
}

.section li {
    line-height: 60px;
    padding: 2% 33px;

}

.button1 {
    border: 0;
    background: #41b883;
    border-radius: 3px;
    height: 42px;
    width: calc(30%);
    margin: 5%;
    font-size: 16px;
    font-weight: bold;
    color: #ffffff;
}
</style>
```

使用网易有道的接口获取单词信息，并调用添加单词的接口wordList.insert来添加单词。

```javascript
//添加网易有道的接口
var url = "/api/api?q=" + newWord.word
+ "&from=EN&to=zh_CHS&appKey=4d0315a39cca722e&salt=2&sign=" + signn
+ "&ext=mp3&voice=0";
```

使用v-on:keyup.enter实现按Enter键提交事件，具体页面布局和业务逻辑调用参考下面的代码。

```html
<template>
<div class="wrapper">
```

< 272 >

```html
        <HeaderFrom :title="title" :back="back"></HeaderFrom>
        <!--<div class="title">-->
        <!--<router-link to ="/WordList">返回</router-link>-->
        <!--</div>-->

        <p class="title">录入新单词</p>
        <div class="section">
            <div class="txtWrapper">
                <span >单词</span>
                <input class="input" type="text" v-model="newWord.word" id=
"word" placeholder="请输入一个单词" v-on:keyup.enter="addWord(newWord)" />
            </div>
        </div>
        <button v-on:click="addWord(newWord)" class="button1">确认添加</button>
    </div>


</template>

<script>
import HeaderFrom from "../header/HeaderForm"
import { nemoMD5 } from "../../assets/js/md5.js"
import { getCookie } from '../../assets/js/cookie.js'
export default {
    name: 'AddWord',
    components: {
        HeaderFrom
    },
    data() {
        return {
            newWord: {
                word: '',
                pronounce: '',
                description: ''
            },
            title: "添加新单词",

            back: "/WordList",
            q: '',
            appKey: "5aa0c2b968552802",
            salt: 2,
            key: "RRCauRMP16a5nPgfrUgkmxtDtmZrfzXP"
        }
    },
    mounted() {
        let uname = getCookie('userName');
        this.name = uname;
        if (uname == "") {
            this.$router.push('/');
            return;
        }

        window["getword"] = (data) => {
```

< 273 >

```
                //console.log("测试"
    + data.returnPhrase+data.web[0].value.join()+data.basic["us-phonetic"]);
                if (data.isWord != false) {

                    let description = data.basic.explains[0];
                    let pronounce = data.basic["us-phonetic"];
                    let speakUrl = data.speakUrl;
                    // 添加单词、音标和释义
    this.$axios.post("/soya/apps/testdb/server/?action=wordList.insert", {
                        word: this.newWord.word,
                        pronounce: pronounce,
                        description: description,
                        speakUrl: speakUrl
                    }).then((res) => {
                        if (res.data.ret == 0) {
                            this.newWord.word = "";
                            this.$message.success("添加成功");

                        } else {
                            this.$message.error("添加失败! ");
                        }
                    }, (error) => {
                        console.log("add" + error);
                    });
                } else {
                    this.$message.error("单词拼写错误! ");

                }
            }
        },
        methods: {
            addWord: function (newWord) {
                //输出新增的单词
                //console.log(newWord.word);

                if (newWord.word == '') {

                    this.$message.error("输入的单词不能为空! ");

                } else {
                    //添加网易有道的接口
                    var signn = nemoMD5(this.appKey + newWord.word + this.salt
    + this.key);
                    var url = "https://openapi.youdao.com/api?q=" + newWord.word
    + "&from=EN&to=zh_CHS&appKey=" + this.appKey + "&salt=2&sign=" + signn + "&ext=mp
    3&voice=0&callback=getword";

                    var JSONP = document.createElement("script");
                    JSONP.type = "text/javascript";
                    JSONP.src = `${url}&callback=getword`;
                    document.getElementsByTagName("head")[0].appendChild(JSONP);
                    setTimeout(() => {
```

< 274 >

```
            document.getElementsByTagName("head")[0].removeChild(JSONP)
        }, 500)


    }

  }

 }
}
</script>

<style scoped>
.wrapper {
    padding-top: 55px;
    text-align: left;
}

.title {
    padding-left: 23px;
    margin-bottom: 10px;
    color: #999;
}

.section {
    background: #ffffff;
    padding: 0 23px;
}
.txtWrapper {
    display: flex;
    justify-content: flex-start;
    align-items: center;
    border-bottom: 1px #eee solid;
    padding-top: 16px;
    padding-bottom: 16px;
    margin-bottom: 29px;
}

.imgwrapper {
    flex: 0 0 18px;
}

.input {
    display: block;
    outline: none;
    border: 0;
    box-sizing: border-box;
    margin-left: 16px;
    font-size: 14px;

}
.button1 {
    border: 0;
    background: #41b883;
    border-radius: 3px;
```

< 275 >

```
        height: 42px;
        width: calc(100% - 66px);
        margin: 10% 33px;
        font-size: 16px;
        font-weight: bold;
        color: #ffffff;
    }
</style>
```

13.5 项目打包

项目打包、安装 nginx 服务器及配置、项目部署

如何打包Vue项目呢？Vue CLI提供了一个命令npm run build用于打包项目。package.json中有一个build属性，对应执行命令node build/build.js。执行成功后，项目目录下会多出一个dist目录，dist目录下有css、img、js目录和页面index.html。

但是这样直接打包后会出现空白界面问题，因此在打包之前需要修改配置文件。空白界面问题主要就是路径的问题，所以需要修改vue.config.js中的代码为"publicPath: '/'"。最好也对其他的参数进行配置，参考下面的代码。

```
module.exports = defineConfig({
    publicPath:'/',            //部署应用包时的基本 URL
    outputDir:'dist',          //输出文件目录
    assetsDir:'./static',      //放置生成的静态资源 (js、css、img、fonts) 的目录
    productionSourceMap:false, //如果你不需要生产环境的 SourceMap, 可以将其设置为
false以加速生产环境构建
    transpileDependencies: true,//默认情况下 babel-loader 会忽略所有 node_modules
中的文件。你可以启用本选项，以避免构建后的代码中出现未转译的第三方依赖
    ...
    })
```

vue.config.js配置完成后，打开命令提示符窗口运行命令cnpm run build进行打包即可，如图13-15所示。

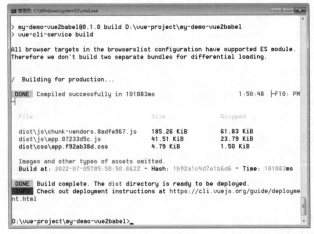

图13-15 项目打包

< 276 >

注意下面的提示，这个打包后的文件需要放到服务器中打开，不能直接使用浏览器打开。打包后的文件目录结构如图13-16所示。

图 13-16　打包后的文件目录结构

13.6　安装nginx服务器及配置

Vue项目打包后需要部署在服务器上才可以使用，那么如何安装nginx服务器呢？这里介绍在Windows下安装nginx服务器，以及在nginx服务器中配置反向代理进行跨域操作。以单词本项目为例，单词本项目开发环境中配置了两个反向代理的路径，那么在nginx服务器中也需要进行配置。下面我们先来学习nginx服务器的安装。

（1）通过官网下载nginx，建议下载稳定版本。以nginx/Windows-1.22.0为例，直接下载nginx-1.22.0.zip。下载后解压，解压后的文件目录如图13-17所示。

图 13-17　解压后的文件目录

（2）启动nginx。打开命令提示符窗口，切换到nginx解压目录下，输入命令 nginx.exe 或者start nginx ，再按Enter键即可，如图13-18所示。

< 277 >

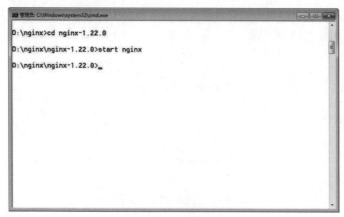

图 13-18　启动 nginx

（3）检查nginx是否启动成功。在浏览器地址栏输入http://localhost，按Enter键后出现图13-19所示的页面说明启动成功。

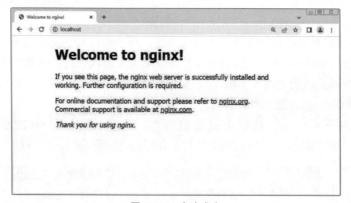

图 13-19　启动成功

也可以在命令提示符窗口运行命令 tasklist /fi "imagename eq nginx.exe"，若出现图13-20所示的结果，说明启动成功。

图 13-20　tasklist 命令启动 nginx

nginx的配置文件是conf目录下的nginx.conf，默认配置的nginx监听的端口为80，如果80端口被占用可以修改为未被占用的端口，如图13-21所示。检查端口是否被占用，在命令提示符窗口中运行如下命令。

```
netstat -ano | findstr 0.0.0.0:80
//或者
```

< 278 >

```
netstat -ano | findstr "80"
```

```
35   server {
36       listen        80;
37       server_name   localhost;
38
39       #charset koi8-r;
40
41       #access_log  logs/host.access.log  main;
42
43       location / {
44           root    html;
45           index   index.html index.htm;
46       }
47
48       #error_page   404              /404.html;
49
```

图 13-21　修改端口

修改nginx的配置文件nginx.conf后，不需要关闭nginx，直接重新启动nginx，在命令提示符窗口中运行命令 nginx -s reload即可，如图13-22所示。

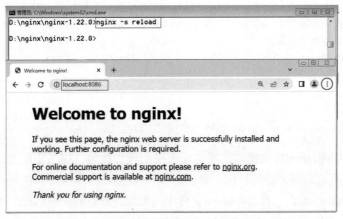

图 13-22　重新启动 nginx

（4）关闭nginx。在命令提示符窗口中运行以下命令，运行命令后浏览器页面如图13-23所示。

```
nginx -s stop//快速停止nginx
//或
nginx -s quit//完整有序地停止nginx
//也可以使用taskkill
taskkill /f /t /im nginx.exe
```

< 279 >

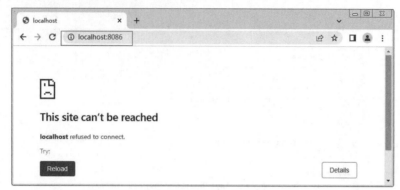

图 13-23　关闭 nginx

13.7 nginx服务器部署Vue项目

将打包好的dist目录下的所有文件复制到安装nginx的服务器上，再到html目录中访问index.html就可以使用了。打开浏览器控制台可发现打包后的JavaScript文件、CSS文件已经被加载，如图13-24所示。

Name	Status	Type	Initiator	Size	T	Waterfall
localhost	304	docu...	Other	131 B	1...	
chunk-vendors.8adfe967.js	200	script	(index)	(mem...	0...	
app.822879c0.js	200	script	(index)	(mem...	0...	
app.89ae005f.css	200	styles...	(index)	(mem...	0...	
data:image/png;base...	200	png	vue.runtime.e...	(mem...	1...	
favicon.ico	200	x-icon	Other	(disk c...	9...	

图 13-24　打包后的文件被加载

如果在项目中直接访问后端接口，没有配置反向代理跨域，则不用配置下面的内容。如果项目中配置了反向代理跨域来访问接口，则还需要配置nginx.conf文件（在ngnix安装目录下找到nginx-1.22.0\conf\nginx.conf）。在nginx.conf文件中，配置参数找到server节点，代码如下。

```
location / {
        #程序根目录配置
        root    html;
        index   index.html index.htm;
            try_files $uri $uri/ /index.html;
    }
#跨域请求代理配置，请求出现/adminapi就访问代理服务器
location /adminapi/ {
        proxy_pass            https://www.h5peixun.com/;
        proxy_cookie_path / /adminapi;
        proxy_redirect default;
```

< 280 >

```
                        #重写以/adminapi为baseURL的接口地址
                rewrite /^.+adminapi/?(.*)$ /$1 break;
                client_max_body_size 500m;
    }
#跨域请求代理配置，请求出现/api就访问代理服务器
location /api/ {
                proxy_pass              http://openapi.youdao.com/;
                proxy_cookie_path / /api;
            proxy_redirect default;
          #重写以/api为baseURL的接口地址
            rewrite /^.+api/?(.*)$ /$1 break;
            client_max_body_size 500m;
    }
```

修改后，保存文件并重新启动nginx服务器。至此，基于Vue项目的部署已经完成，我们可以在浏览器中访问项目。后端接口已经可以正常使用，没有404错误和跨域请求失败的问题，获取验证码的接口已经调用成功，如图13-25所示。

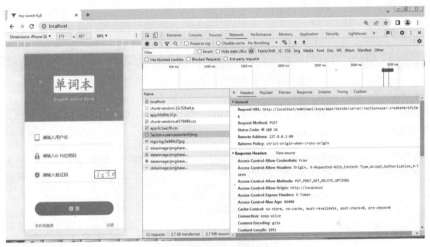

图 13-25　项目部署成功

使用系统提供的测试账户，用户名为test1113，密码为111111，登录成功，如图13-26所示。

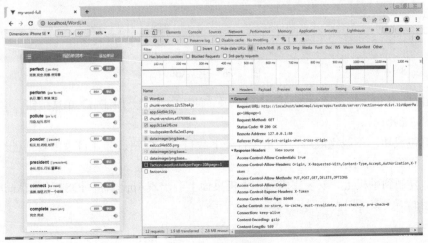

图 13-26　登录成功

< 281 >

添加单词功能也可以正常使用，同时能够调用网易有道的接口，说明nginx反向代理配置成功，如图13-27所示。

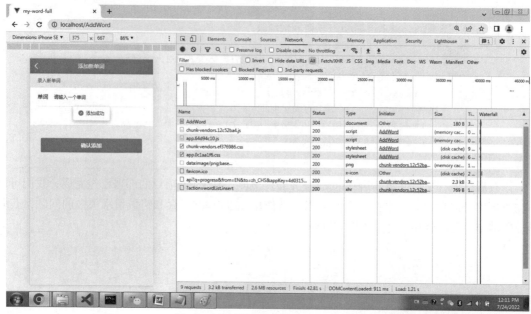

图 13-27 调用网易有道的接口添加单词

读者可以使用HBuilder把项目打包成移动App。选中项目，选择"发行"→"云打包"→"云打包-打原生安装包"，如图13-28所示。

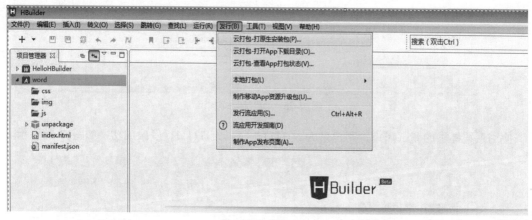

图 13-28 打包 App

在弹出的对话框中选中"Android"复选框及"使用DCloud公用证书"单选按钮，单击"打包"按钮，如图13-29所示。

看到打包成功，下载完成后，单击"打开下载目录"按钮，会在目录中看到已经打包好的APK文件，如图13-30所示。

把文件复制到手机上，安装完成后，手机桌面上会出现App图标。iOS打包和Android打包的步骤基本相似，大家可以去实践一下。

< 282 >

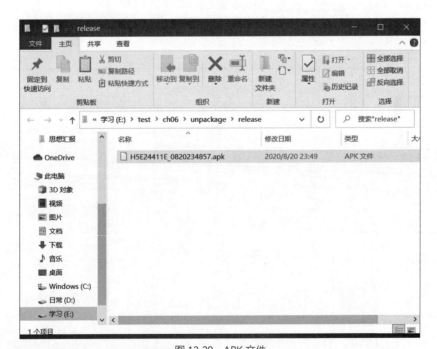

图 13-29　Android 打包

图 13-30　APK 文件

读者一定要亲自开发项目，从中学习并掌握Vue.js开发过程中的重点和技巧。

< 283 >

本章小结

本章带领读者开发了一个基于Vue.js的完整Web App项目，结合组件化、模块化的开发方式，Vue Router、axios的使用，以及移动端常用的开发技巧，基于Vue的UI插件库的使用、nginx服务器的安装和反向代理的配置，将Vue.js与实际项目需求相结合。读者有问题可以在"斤斗云学堂"慕课平台留言提问，但是在提问之前要先独立思考，思考后如果还不能解决问题再去求助，思考的过程也是学习和巩固的过程。

习题

13-1　移动端1像素边框问题如何解决？

13-2　什么是设备像素比？

13-3　如何生成并使用图标字体？

13-4　如何实现Vue项目浏览器不能后退到登录界面？提示如下。

```
//先安装vue-prevent-browser-back第三方库
//在页面引入
import preventBack from 'vue-prevent-browser-back';

export default {
    name: 'WordList',
mixins: [preventBack], //注入阻止返回上一页
...
    }
```

< 284 >